Research on
Pressurized Oxidation
Pretreatment and
Highly Efficient
Extraction of
Gold from
Refractory Gold Ore

难处理金矿 加压氧化预处理及 高效提金研究

张 磊 郭学益 著

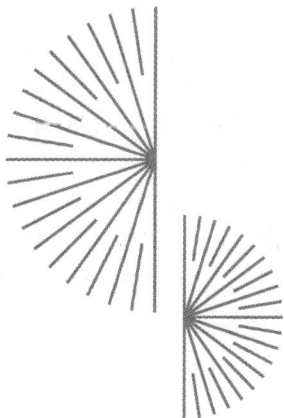

中南大学出版社 · 长沙
www.csupress.com.cn

图书在版编目(CIP)数据

难处理金矿加压氧化预处理及高效提金研究 / 张磊,
郭学益著. —长沙:中南大学出版社,2023.2
ISBN 978-7-5487-5271-4

Ⅰ. ①难⋯ Ⅱ. ①张⋯ ②郭⋯ Ⅲ. ①炼金—难浸金
矿石—预处理—提金—研究 Ⅳ. ①TF831

中国国家版本馆 CIP 数据核字(2023)第 014628 号

难处理金矿加压氧化预处理及高效提金研究
NANCHULI JINKUANG JIAYA YANGHUA YUCHULI JI GAOXIAO TIJIN YANJIU

张 磊 郭学益 著

□出 版 人	吴湘华	
□责任编辑	史海燕	
□责任印制	唐 曦	
□出版发行	中南大学出版社	
	社址:长沙市麓山南路	邮编:410083
	发行科电话:0731-88876770	传真:0731-88710482
□印 装	长沙印通印刷有限公司	

□开 本	710 mm×1000 mm 1/16	□印张 11	□字数 221 千字
□版 次	2023 年 2 月第 1 版	□印次 2023 年 2 月第 1 次印刷	
□书 号	ISBN 978-7-5487-5271-4		
□定 价	78.00 元		

前言 / Foreword

黄金是一种稀缺的战略金属，广泛用于黄金首饰、货币储备和高科技行业。随着优质易处理黄金资源的不断消耗，难处理金矿逐渐成为黄金工业生产的主要原料来源。难处理金矿中成分复杂，绝大多数金被硫化物和毒砂等物质包裹，无法被有效浸出，已成为制约黄金产业发展的重要因素。

贵州卡林型金精矿是典型难处理金矿，其大多数金以微细粒浸染状态存在，主要赋存于黄铁矿和毒砂中。卡林型金精矿中大多含有碳酸盐、硅酸盐矿物，硫化矿和有机碳等，存在有机碳"劫金"现象。卡林型金精矿直接浸出时存在金回收率低等问题，需对其进行预处理方能实现金的高效提取。常规氰化法所用氰化物剧毒，若管理不善易造成潜在环境污染问题。因此，开发卡林型金精矿高效环保提金新工艺迫在眉睫。

作者及其研究团队一直致力于有色金属冶金特别是有色金属复杂资源高效提取科研和产业实践工作，对复杂难处理金矿中金高效提取有着深刻的认识和深切的体会。本书以典型难处理卡林型金精矿为原料，系统介绍了酸性加压氧化预处理-铁矾分解-环保体系炭浸法提金新工艺，该工艺不仅可有效解决从卡林型金精矿中提取金困难和氰化物剧毒难题，还可实现原料中部分砷的稳定固化，生产周期较常规氰化提金短，提金尾渣可无害化堆存，具有显著经济效益和生态效益，为高效清洁提取难处理金矿中金奠定了基础。

本书共分9章。第1章全面介绍了国内外难处理金矿预处理方法、湿法提金方法研究进展和国内外黄金冶炼厂典型工业应用实践。第 2 章开展卡林型金精矿工艺矿物学研究，厘清了卡林型金精矿理化特性及元素赋存规律。第 3 章系统开展卡林型金精矿酸性加压氧化预处理过程热力学分析，阐明了加压氧化反应历程与途径，明确了酸性加压氧化过程物相转化机理。第 4 章系统开展卡林型金精矿硫酸酸洗-酸性加压氧化-铁矾分解工艺研究，明确了元素价态行为调控机制，揭示了金赋存物相演变规律及其分配行为，构建了矿相重构过程精准调控机制。第 5 章和第 6 章系统开展铁矾分解渣环保体系炭浸法提金工艺研究和金浸出过程动力学研究，明确了多尺度因素提金影响机制及过程限制步骤，构建了最优环保体系炭浸法金清洁高效提取技术优化原型。第 7 章开展铁矾分解渣深度提金研究，多角度揭示了深度提金机理，明晰了过程强化机制。第 8 章对不同提金体系各项工艺指标优劣进行对比分析，确定了优化提金体系，为卡林型金精矿中金的高效回收提供了理论和技术支撑。第 9 章对卡林型金精矿酸性加压氧化预处理-铁矾分解-环保体系炭浸法提金全工艺流程进行总结，并对该研究领域进行展望。

本书研究内容基于作者本人攻读博士学位期间的研究成果，这些成果的取得离不开中南大学资源循环研究院的支持和帮助。特别感谢郭学益教授、田庆华教授、衷水平教授、李栋教授和王亲猛教授的指导。研究团队成员秦红和刘智勇协助开展了研究工作；株洲欧华科技有限公司和紫金矿业集团厦门紫金研究院对本书研究提供了帮助，在此一并致以诚挚的感谢。

黄金冶炼工艺日新月异，作者力图向读者提供一部集理论性、工艺性为一体的专门性著作，但因水平有限，书中难免有不足之处，敬请读者批评指正。

作 者

2022 年 12 月

目录 / Contents

第 1 章　绪论

1.1　含金矿产资源概述

金作为重要的金融储备物,在工业生产、电子通信、医药及航空航天等领域有着广泛应用。世界上有 80 多个国家生产黄金,其中我国是世界第一大黄金生产国,近年来我国黄金年产量和年消费量如表 1-1 所示。2021 年,我国黄金产量为 328.98 t,但黄金消费量高达 1120.90 t。我国黄金的供需矛盾非常突出,体现为消费量大但生产量少,而我国黄金资源又相对缺乏,仅占全球储量的 4.1%。因此,提高黄金资源的利用率,实现黄金的高效回收尤为重要。

表 1-1　2015—2021 年我国黄金产量与消费量统计

年份/年	黄金产量/t	黄金消费量/t
2015	450.05	985.90
2016	453.49	985.38
2017	426.14	1089.070
2018	401.12	1151.43
2019	380.23	1002.80
2020	365.34	820.98
2021	328.98	1120.90

全球黄金产量及我国黄金产量趋势如图 1-1 所示。受新冠疫情影响,全球黄金产量 2020 年为 3359 t,2021 年为 3561 t,较 2020 年同比增长 6.01%。金在自然界中多以自然金、金与银的固溶体系列矿物、金的碲化物存在,与硫化物有密切关系,通常与黄铁矿和毒砂伴生,赋存在黄铁矿和毒砂等矿物中。

随着易处理金矿资源逐渐减少,难处理金矿逐渐成为黄金工业生产的主要来源。依据金矿工艺矿物学性质,可将难处理金矿分为复杂多金属硫化矿、碳质矿、碲化矿等。我国已探明的金矿资源主要分布在贵州、云南、四川、甘肃等省

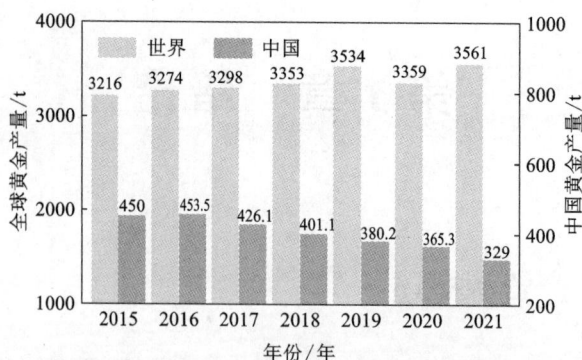

图1-1 全球黄金产量及我国黄金产量趋势

份，其中复杂多金属硫化矿储量最为丰富。如何实现难处理金矿中金的高效、绿色、低成本回收已成为黄金冶炼行业亟须解决的重大问题。

1.2 难处理金矿预处理方法

难处理金矿是指不经过预处理，直接采用氰化法浸出金且浸出率低于80%的金矿。难处理金矿金提取率低的原因如表1-2所示。

表1-2 难处理金矿金提取率低的原因

难浸原因	具体表现形式
精矿中金被紧密包裹	被硫化矿物、石英矿物包裹
浸出试剂消耗量大	硫化矿物分解产物消耗浸出剂
杂质吸附金	碳质化合物吸附浸出液中的金配合物
浸出过程中金形成二次包裹	金表面形成各种化合物(铁氧化物及砷、锑的化合物)的包裹层
化合物金难溶解	金以不溶性合金或碲化金等化合物形式存在
金表面钝化	金与其他导电矿物接触时发生金的阳极钝化

针对难处理金矿提取金困难及杂质负面影响的问题，采用特定预处理方法可有效打开矿物对金的包裹，削弱杂质元素负面作用，提高难处理金矿中金的回收率。常见的预处理方法有焙烧法、加压氧化法和生物氧化法等。

1.2.1 焙烧法

焙烧法是一种工艺成熟、应用广泛的金精矿预处理方法，主要用于处理硫化矿物包裹型金精矿。金精矿经氧化焙烧后转变为表面疏松多孔的焙砂，使包裹金充分暴露以利于浸出，硫和砷分别转化为 SO_2 和 As_2O_3 后得以收集。焙烧法大致分为氧化焙烧、闪速焙烧、固化焙烧、微波焙烧等方法。依据金精矿中砷含量高低，氧化焙烧又可分为一段焙烧和二段焙烧。当金精矿中砷含量较低时，采用一段氧化焙烧，主要化学反应式如式(1-1)和式(1-2)所示：

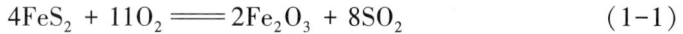

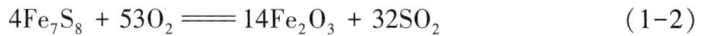

$$4FeS_2 + 11O_2 =\!=\!=\!= 2Fe_2O_3 + 8SO_2 \tag{1-1}$$

$$4Fe_7S_8 + 53O_2 =\!=\!=\!= 14Fe_2O_3 + 32SO_2 \tag{1-2}$$

砷含量较高时，采用一段氧化焙烧，且氧化气氛较强时，氧化铁可与砷发生副反应式(1-3)和式(1-4)，对金形成致密二次包裹，阻碍金的浸出。

$$Fe_2O_3 + As_2O_3 + O_2 =\!=\!=\!= 2FeAsO_4 \tag{1-3}$$

$$Fe_2O_3 + As_2O_5 =\!=\!=\!= 2FeAsO_4 \tag{1-4}$$

因此，当金精矿中砷含量较高时，采用二段焙烧，第一段在弱氧化性气氛中焙烧以脱砷、脱硫，第二段在强氧化性气氛中深度脱硫，使四氧化三铁氧化生成三氧化二铁，打开硫化物和毒砂对金的包裹，主要化学反应式如式(1-5)至式(1-8)所示：

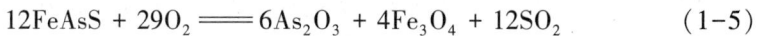

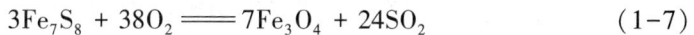

$$12FeAsS + 29O_2 =\!=\!=\!= 6As_2O_3 + 4Fe_3O_4 + 12SO_2 \tag{1-5}$$

$$3FeS_2 + 8O_2 =\!=\!=\!= Fe_3O_4 + 6SO_2 \tag{1-6}$$

$$3Fe_7S_8 + 38O_2 =\!=\!=\!= 7Fe_3O_4 + 24SO_2 \tag{1-7}$$

$$4Fe_3O_4 + O_2 =\!=\!=\!= 6Fe_2O_3 \tag{1-8}$$

焙烧预处理提金方法发展历程如图 1-2 所示。1988 年 5 月，招远黄金冶炼厂成功应用焙烧-氰化工艺，为我国焙烧预处理提金工艺工业化应用提供了工业实例参考。21 世纪初，紫金矿业集团股份有限公司和中南黄金冶炼厂等相继采用焙烧-氰化提金工艺，实现了矿物中金的有效回收，取得了良好经济效益。

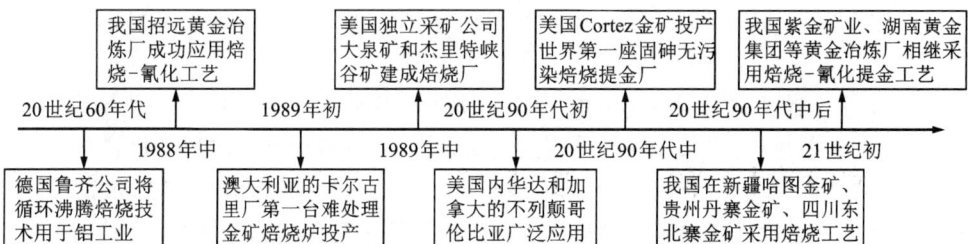

图 1-2　焙烧预处理提金方法发展历程

宋裕华等开展了复杂金精矿焙烧预氧化-氰化提金工艺研究，该精矿中黄铁矿和毒砂占金属矿物相对含量的98.19%，采用二段焙烧氧化预处理的方法，金浸出率可由40%提升到91.40%，有效打开了黄铁矿和毒砂对金的包裹，利于金的高效提取。董晓伟等开展了含碳金矿氧化焙烧-氰化法提金工艺研究，氧化焙烧过程可消除含碳物质在浸金过程的负面影响，在最佳条件下，氰化体系金浸出率为86.91%以上。尹福兴等开展了某含金硫精矿焙烧-酸浸渣非氰提金试验研究，在最佳条件下，金浸出率可达95.35%。Liu等为提高某难选金矿的金回收率，在富氧一段焙烧中加入 Na_2SO_4，热力学分析和浸出结果表明：采用 Na_2SO_4 辅助焙烧和碱性 Na_2S 浸出相结合的提金工艺，可使难选金矿石中金回收率为95%以上。

焙烧法工艺成熟、适应性强、操作简单、生产成本低，但对操作参数和物料的成分配比敏感，易造成欠烧和过烧问题，导致焙烧预处理过程中金被二次包裹，致使金提取率不高。应用焙烧预处理工艺过程中，应对矿物进行系统工艺矿物学分析，厘清焙烧过程中各有价金属行为规律，确定合适的工艺条件，在打开原生包裹金的同时，减少二次包裹金含量占比，必要时可进一步降低焙砂粒度，以深度打开金的包裹，实现矿物中金的高效提取。

1.2.2 加压氧化法

加压氧化法又称热压氧化法，其基本原理是在高温、高压和有氧条件下，加入酸或碱氧化分解矿石中包裹金的硫、砷化合物，使金暴露出来，达到提高金氰化回收率的目的。该工艺既适合处理金精矿，又适合处理原矿，基于溶液介质酸度和碱度差异，可分为酸性加压氧化法和碱性加压氧化法两种。

酸性加压氧化法是在高温、高压和有氧条件下，将矿石磨细、制浆并酸化，加入高压釜中进行处理，使精矿中的硫被氧化为硫酸盐，砷被氧化为砷酸盐，从而暴露包裹金。碱性加压氧化法所需的介质为氢氧化钠，操作温度一般在100~200℃，压力大于2 MPa，主要化学反应式如式(1-9)和式(1-10)所示：

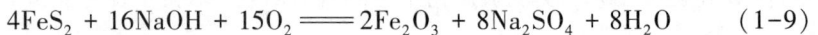

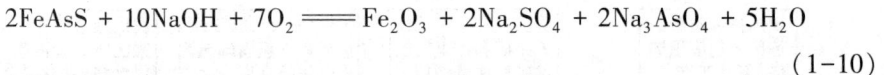

$$4FeS_2 + 16NaOH + 15O_2 \Longrightarrow 2Fe_2O_3 + 8Na_2SO_4 + 8H_2O \qquad (1-9)$$

$$2FeAsS + 10NaOH + 7O_2 \Longrightarrow Fe_2O_3 + 2Na_2SO_4 + 2Na_3AsO_4 + 5H_2O$$

$$(1-10)$$

Wu等开展了斑岩铜金矿石加压氧化预处理及硫代硫酸盐提金工艺研究，采用X射线衍射仪、光学显微镜、扫描电子显微镜能谱和动态二次离子质谱仪等仪器或技术对金的形态进行了研究和表征。研究表明，氧压渣中铜的残留率为0.66%，未被破坏的黄铜矿、黄铁矿、辉钼矿等硫化物矿物占2.7%，赤铁矿矿物占66%，其中赤铁矿是主要的亚显微金载体。在优化条件下，氰化法金浸出率达85%，硫代硫酸铵体系金浸出率高于硫代硫酸钠体系。许晓阳开展了贵州卡林型金矿酸性加压氧化-氰化工艺研究,在温度 220℃、矿浆浓度 16.4%~19%、氧分压 0.6~0.8 MPa、反应时间 45~60 min 的优化条件下,金浸出率为 94% 以上。研究表明,酸性加压氧化-氰化工艺可实现金的有效提取。

Wu 等开展了黄铜矿精矿氧压浸出渣提金和金行为研究,采用 X 射线衍射仪、光学显微镜、扫描电子显微镜能谱和动态二次离子质谱仪等仪器或技术,对金矿进行了全面的工艺矿物学分析和金的形态研究。金物相研究表明,32.3% 的金以可见金的形式存在,其余为亚显微金。可见金主要为自然金,平均粒径小于 20 μm,以胶体金为主,主要赋存于赤铁矿、黄钾铁矾矿和硫酸铁中。当 NaCN 浓度为 500 mg/L 时,金的浸出率为 84%;当 NaCN 浓度为 100 mg/L 时,金的浸出率为 35%。氰化物和甘氨酸有显著协同作用。在氰化浸出液中加入甘氨酸,可有效提高金的浸出速度和回收率。在 NaCN 浓度 100 mg/L 和甘氨酸浓度 0.3 M① 的条件下,金浸出率在 24 h 内可达 85%。

Paka 等开展了高硫难浸金精矿加压氧化预处理和氯化浸出相结合的湿法提金研究,采用 X 射线衍射仪和扫描电子显微镜对难处理金精矿和处理后的金精矿进行了表征,分析了浸金反应的热力学性质,考察了浸金过程中氧化还原电位变化和不同浸金条件对金浸出率的影响。研究结果表明,难处理金精矿加压氧化预处理-氯化浸出的优化工艺条件如下:pH 4,氧化还原电位为 1.0 V 以上,氯化钠浓度为 75 g/L,反应温度为 40℃,液固比 L/S 为 3,浸出时间为 2 h。在此条件下,金的浸出率为 96.54%。

Matti 等开展了硫化金精矿加压氧化预处理-氨性硫代硫酸盐浸金研究。硫化金精矿的主要化学成分如下:Au 质量分数 32 g/t、Ag 质量分数 12 g/t、Fe 质量分数 59%、S 质量分数 21%、As 质量分数 19%。在硫代硫酸盐物质的量浓度 0.2 mol/L、氨水物质的量浓度 0.2 mol/L、铜离子物质的量浓度 0.1 g/L、压力 1 atm②、温度 30℃、浸出时间 6 h 的条件下,金的浸出率最高为 89%,浸出 6 h 后测得硫代硫酸盐和铜的浓度分别为 0.19 mol/L 和 0.08 g/L。浸出试验结果表明,加压氧化金精矿在氨性硫代硫酸盐浸出液中浸出效果好,浸金药剂用量小,采用离子交换树脂可有效回收金。浸出液在金回收和固液分离后的浸出阶段有很好的循环再利用的可能性。

Gudyanga 等开展了津巴布韦难处理金矿加压氧化预处理-氰化浸金的研究。津巴布韦难处理金矿采用焙烧预处理-氰化浸金的工艺,金回收率仅为 75%,浸金尾渣中部分包裹金无法有效提取。采用加压氧化预处理-氰化浸金的工艺时,

① 1 M＝1 mol/L。

② 1 atm＝10^5 Pa。

加压氧化过程温度超过 180℃，氧分压大于 15 bar①，停留时间大于 2 h，金浸出率为 90% 以上。

Pangum 等以矿物粒径 $D_{80}=75$ μm 的含硫金矿为原料，直接氰化浸出 24 h，金浸出率仅为 33%。先将含硫金矿分别细磨至 $D_{80}=53$ μm 和 $D_{80}=38$ μm，然后进行氰化浸出，金浸出率仅为 35%，变化较小。采用 $O_2/H_2SO_4/HCl/NaCl$ 体系，在高压釜内同时实现硫化矿氧化和金的溶解。实验结果表明，在 180~200℃ 的温度下，恒温 1.5~2 h，可实现硫化物充分氧化，使金浸出率超过 90%。该研究验证了金在高压釜内直接溶解的可能性，可避免目前对高压釜排放物进行氰化处理的需要。

国内外加压氧化法工业应用实例如图 1-3 所示。20 世纪 80 年代末，难处理金矿加压氧化预处理提金工艺已广泛应用于美国、巴西和加拿大等国家，我国相对起步较晚。2016 年，紫金矿业集团通过多年加压氧化工艺研究，建成国内首个难处理金矿加压预氧化提金工厂，打破了西方国家对"加压预氧化"难选冶金矿处理工艺的技术壁垒。

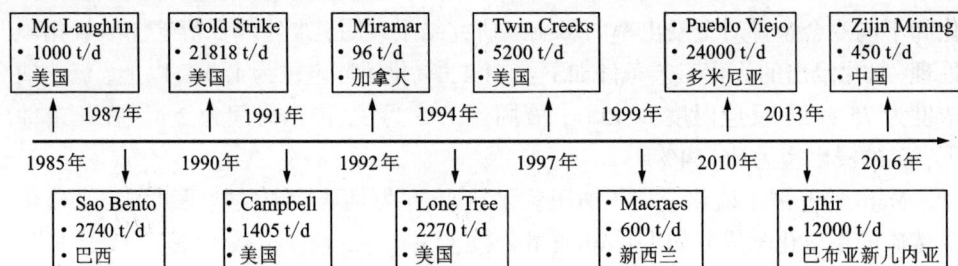

图 1-3　国内外加压氧化法工业应用实例

1.2.3　生物氧化法

生物氧化法是指在有氧条件下利用微生物(细菌)将金属硫化物氧化分解，破坏矿石中金的包裹层，再用浸金药剂溶解回收金。生物氧化的作用机理目前尚不能完全确定，目前认为主要有直接作用、间接作用和复合作用三种。

直接氧化机理化学反应式如式(1-11)所示：

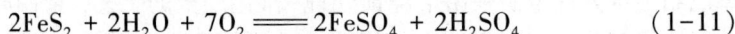

$$2FeS_2 + 2H_2O + 7O_2 \Longrightarrow 2FeSO_4 + 2H_2SO_4 \tag{1-11}$$

间接反应机理化学反应式如式(1-12)和式(1-13)所示：

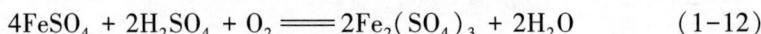

$$4FeSO_4 + 2H_2SO_4 + O_2 \Longrightarrow 2Fe_2(SO_4)_3 + 2H_2O \tag{1-12}$$

---

① 1 bar≈10^5 Pa。

$$4FeAsS + 11O_2 + 6H_2O \Longrightarrow 4FeSO_4 + 4H_3AsO_3 \qquad (1-13)$$

复合作用机理即二者共同参与硫化物氧化反应，使包裹金暴露。生物预氧化过程中起作用的微生物被称为浸矿细菌，其常以硫化矿物、硫酸亚铁、硫代硫酸盐及其他硫化物氧化过程中释放的热量为能源，以二氧化碳和水为主要养分进行分裂繁殖。依据适宜温度不同，其可分为嗜温细菌、中等嗜热细菌及高温嗜热菌。嗜温细菌适宜生长温度为 30~40℃，中等嗜热细菌适宜生长温度为 45~55℃，高温嗜热菌适宜生长温度为 60~85℃，目前已报道可用于生物湿法冶金的微生物有 20 余种。生物氧化法发展历程如图 1-4 所示。

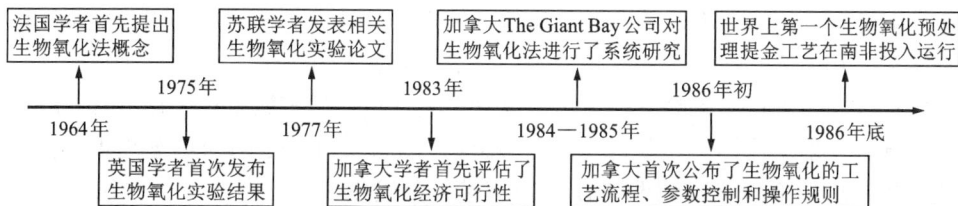

图 1-4　生物氧化法发展历程

Lorenzo 等开展了富含铅、银、金的多金属硫化矿的生物氧化和铅回收研究。氧化亚硫铁杆菌氧化溶解硫化矿物后，会生成黄钾铁矾、石膏和钠矾。残渣经硫酸洗涤，黄钾铁矾会被溶解，柠檬酸溶液回收铅，金、银富集于尾渣中且易回收。Gahan 等开展了难处理金精矿生物氧化提金研究，结果表明，毒砂氧化率为85%~90%，黄铁矿氧化率为 63%~74%；氰化浸出过程中，金回收率可达 90%。Wang 等开展了高温化学氧化和中温微生物生物氧化工艺，结果表明，化学氧化后表面晶格结构部分被破坏，生物氧化速率明显提高；在常规生物氧化体系中，Fe、As 和 S 的浸出率分别为 49.8%、50.4% 和 51%；经两段工艺处理后，Fe、As和 S 的浸出率分别提高到 63.3%、64.2% 和 63.3%。

Fomchenko 等开展了微生物产生的 Fe^{3+} 对金精矿的化学氧化作用研究，结果表明，不经 Fe^{3+} 溶液预氧化和采用 Fe^{3+} 溶液预氧化后的毒砂精矿中硫化砷氧化率分别为 38.4% 和 92.8%，氰化金浸出率分别为 67.76% 和 92.95%。Hol 等开展了生物还原转化单质硫的研究。高效液相色谱分析证实，榴辉石-黄铁矿金精矿的工业磨矿过程中形成了单质硫，通过生物还原脱除元素硫，使金浸出率从 48.9% 提高到 69.6%。Ahn 等开展了微生物氧化硫化物提金研究，结果表明，焙烧后金浸出率为 70%，而生物氧化后金浸出率达 90% 左右。Muravyov 等开展了三步法处理浮选尾矿的研究，该研究采用硫酸溶液去除铜和锌，采用生物氧化法氧化黄铁矿，使包裹金暴露。经三步法处理后，尾矿中 97% 的黄铁矿被氧化，铜和锌的总回收率分别为 79% 和 96%，96% 的金可通过氰化工艺回收。

　　Ciftci 等首次在土耳其进行了金矿石生物氧化和氰化试验。硫化物氧化程度对金回收率有很大影响，采用 EXTM 混合培养法进行生物氧化，生物氧化渣采用氰化法浸出，金浸出率最高可达 94.48%。Ofori 等开展了真菌分解难浸金矿中硫化物和含碳物质的研究，真菌处理 21 天后，57% 的硫化物氧化物分解，金浸出率从 41% 提高到 78%。Marquez 等对高砷高硫难处理金矿进行了细菌氧化研究，结果表明，磁黄铁矿被完全氧化，毒砂、黄铁矿和黄铜矿仅被轻微氧化，石英、绿泥石和白云母在整个过程中受到轻微影响；黄钾铁矾是主要物相，同时存在部分天然硫。

　　Ciftci 等对难处理金精矿进行了嗜酸性、中度嗜热菌和极端嗜热菌混合培养生物氧化预处理及其对氰化回收金影响的研究。难处理金精矿经极端嗜热菌氧化分解后，氰化浸出金浸出率可达 92%，且氰化物消耗少。Kaksonen 等研究表明，利用矿体中生物产生的铁并结合地下曝气可氧化黄铁矿。微生物氧化可有效改善元素硫钝化对金浸出和回收产生的负面影响。Guo 等开展了阿西难选硫化金精矿生物氧化后的单步浸出和两步浸出新工艺，在优化工艺条件下，金浸出率可达 95%。酸性硫杆菌属和钩端螺旋菌属在两步法浸出过程中可促使铁离子的再生，有效提高了金浸出率。

　　国内外生物氧化法工业应用实例如图 1-5 和图 1-6 所示。世界上第一座生物氧化预处理提金工厂于 1986 年在南非 Fairview 成功投产应用，迈出了生物氧化预处理提金工艺工业化应用的重要一步，随后该方法在美国、澳大利亚和加纳等国家广泛应用。20 世纪末 21 世纪初，生物氧化预处理提金工艺在我国山西中矿公司、山东烟台黄金公司、辽宁天利黄金公司等企业陆续投产应用，取得了较好的经济效益和环境效益。

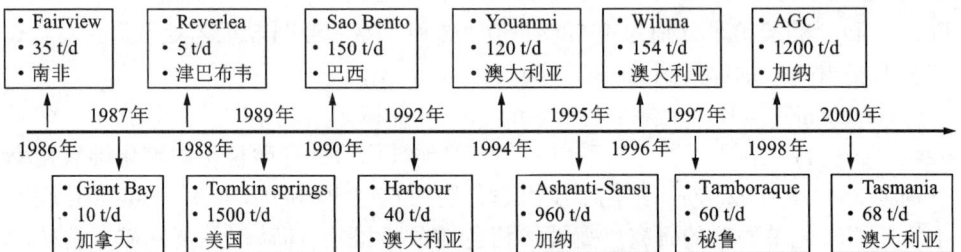

图 1-5　国外生物氧化法工业应用实例

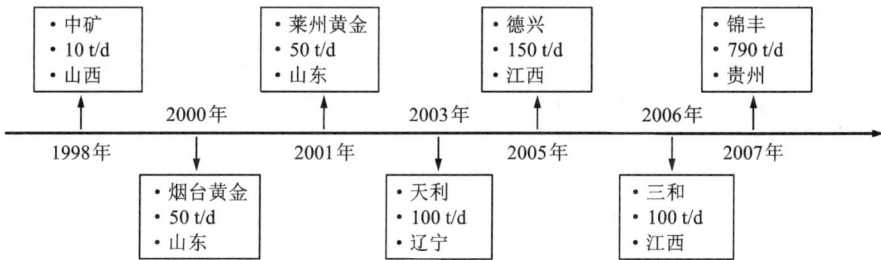

图 1-6 国内生物氧化法工业应用实例

1.2.4 其他预处理方法

（1）碱性化学法

碱性化学法是在向矿浆中添加强碱的同时鼓入氧化性气体，氧化分解砷、硫和锑矿物，打开金的包裹，从而提高金浸出率。Snyders 等开展了 NaOH 预处理后氰化提金研究，金回收率随预处理温度和 NaOH 浓度的增加而提高。İbrahim 等介绍了某难处理锑金矿的碱性预处理工艺，提高药剂浓度、升高温度、减小粒径后均可提高金和银的浸出率。碱性预处理可使锑硫矿物分解，锑脱除率最高可达98%，金浸出率从低于49%提高至83%，银浸出率从低于18%提高至90%。

Ubaldini 等开展了碱性硫化钠预处理电沉积法回收锑及氰化提金的研究。预处理后氰化，金浸出率可从30%提高到75%。Celep 等用 NaOH 对某含锑和锌的难选金银矿石进行了碱预处理试验，以确定预处理对提高金、银浸出率的效果。碱性预处理可使银浸出率从18.7%提高到90%，金浸出率从49.3%提高到85.4%。

Mesa 等使用 NaOH 对毒砂含量较高的难处理金矿进行预处理后，金浸出率高达81%，而预处理前氰化浸出和硫代硫酸盐浸出的金浸出率分别为23%和29%。Alp 等研究表明，加入 KOH 可有效打开锑化物对金的包裹，而且随着 KOH 浓度、温度升高和粒径减小，金和银的浸出率分别提高到87.6%和94.5%，锑脱除率为85.5%。Bidari 等利用 SEM/EDS 和 EPMA 对伊朗扎尔舒兰难选卡林型金矿中黄铁矿进行了表征，金易赋存于立方体黄铁矿颗粒的边缘而不是中心。卡林型金矿经碱性氧化预处理后，金回收率可大幅提高。

（2）机械活化法

机械活化法是一种物理处理方法，利用机械能打开矿物对金的包裹，利于矿物中金的浸出，具有环保、高效等特点。难处理金矿经机械活化后能有效提升金的浸出率和浸出效率，缩短浸出周期。

Yin 等开展了常规颚式破碎机和 HPGR 破碎机强化氰化提金的研究，结果表明，HPGR 产生的细粉比例较高，均匀性较差，分形维数较大。通过准静水加压，HPGR 产品中产生了更多的微裂纹，渗透性增强，提高了氰化浸出中金浸出率。Hasab 首次研究了机械活化对难选黄铁矿精矿氯化物–次氯酸盐浸金的影响，结果表明，机械活化处理 45 min 后，样品中金浸出率最高可达 100%；未进行机械活化预处理样品中金浸出率仅为 37.2%。机械活化增加了颗粒的比表面积和晶体结构中的累积应变，研磨样品金浸出受化学反应和液膜扩散控制。

Gordon 等研究了机械活化对酸性硫杆菌菌群生物氧化含金浮选精矿的影响。机械活化可使含金浮选精矿中硫化物的结构发生实质性变化，机械活化后的含金浮选精矿在 8 天内的生物氧化率为 96.7%，而未机械活化的含金浮选精矿在 20 天后的生物氧化率为 40%。在随后采用炭浸技术对生物氧化残渣进行氰化浸出的过程中，机械活化样品中金浸出率约为 98%，非机械活化样品中金浸出率为 74.6%。

（3）微波预处理法

微波是一种高频电磁波，矿物可吸收微波能量，不同矿物吸收到的热能有所差异，吸热后矿物接触面出现热应力，会产生大量的微裂缝，从而打开金的包裹，实现金的高效浸出。Amankwah 等采用微波预处理法，对一种含有石英、硅酸盐和铁氧化物的易磨金矿石进行了强化磨矿研究。在微波辐射下，不同矿物成分的选择性加热导致了热应力开裂。微波处理提高了矿石的可磨性，使其破碎强度降低了 31.2%。微裂纹的存在提高了金浸出率，在 12 h 内金浸出率为 95% 以上，而非微波处理样品的金浸出率在 22 h 内才可达到 95%。Wang 等开展了碳质金矿微波焙烧预处理提金研究，矿石经 500℃ 微波焙烧 30 min 后，金浸出率为 90% 以上。

Zhang 等揭示了惰性气氛中黄铁矿微波预处理后的分解行为，评估了含金硫化物分解生成的元素硫浸金的可行性。结果表明，微波功率和辐照时间对黄铁矿的热分解有显著影响，黄铁矿被分解成单质硫和磁黄铁矿。微波预处理后生成的元素硫与硫化物在碱性体系生成的多硫化物可与金发生配合反应，在优化条件下，金浸出率可达 91.98%。

1.3 湿法提金方法

1.3.1 氰化法

氰化法浸金至今已有一个多世纪的生产实践，是目前世界各国普遍采用的浸金方法，具有工艺成熟、技术稳定、易操作等优点，但氰化提金过程中存在氰化物剧毒、生产周期长和氰化尾渣环境污染严重等问题。针对氰化法的种种不足，许多研究者提出了改善方法。Rees 等用工厂试验、间歇试验和诊断性淋洗等方法开展了炭浸法提金研究，结果表明，加入部分活性炭可有效提高金浸出率。Tan 等开展了氰化体系炭质涂层对金的溶解速率影响的研究，揭示了炭质涂层降低金浸出动力学速率和回收率的原理。Wang 等以含金硼镁矿为原料进行了实验室微区氰化浸出金实验，当氰化钠浓度为 0.4%、浸出时间为 36 h 时，自然金被完全溶解。Salarirad 等研究了浮选脱水剂对活性炭氰化过程、载金量和吸附动力学的影响，结果表明，浮选药剂对氰化过程有不利影响。

　　Bisceglie 等开展了氰离子和三硝基苯磺酸盐的协同浸金实验研究，明确了氰化物协同溶金机理，该实验可有效加快浸金速度，减少氰化物用量，降低浸出液毒性，推动贵金属环保浸出工艺发展。Chandraa 等研究了一种木质素基生物聚合物在氰化浸出过程中对提高金、银回收率的影响。木质素基生物聚合物能够降低浆液黏度，增强浆液分散性能，提高溶解氧浓度。氰化物用量越低，生物聚合物对金、银回收率的影响越明显。较高溶解氧浓度下，生物聚合物存在时，黄铁矿的溶解速度加快，有利于包裹金的释放。

　　Andrade 等以加拿大阿比提比地区某金矿为研究对象，开展了粒度对金氰化浸出动力学影响的研究。矿石细磨使包裹金、铜和铁矿物得到释放，铜和铁矿物会消耗氰化物，可在通过优化矿石粒度促进金高效回收的同时降低氰化物消耗。Rabieh 等明确了磨矿过程中不同类型的磨矿介质与毒砂、黄铁矿之间的电偶相互作用机理，锻钢磨矿介质与硫化矿物之间的电偶相互作用导致氢氧化铁的生成量多于使用 30% 铬或陶瓷磨矿介质时的氢氧化铁生成量。黄铁矿和毒砂在磨矿过程中均采用 30% 的铬介质后，氰化浸金效果最好。

　　Azizi 等开展了金氰化过程中钝化现象和电偶相互作用的研究，揭示了金/矿物原电池相互作用对金溶解过程钝化现象的影响。硫化矿对金的浸出均有抑制作用，抑制作用由大到小的顺序为黄铜矿、闪锌矿、工业矿石、黄铁矿。Bas 等揭示了金与其伴生氧化物矿物的电化学相互作用机理。磁铁矿对金的浸出表现为负作用，磁赤铁矿和赤铁矿对金的浸出表现出相对的正作用。浆料的存在通常会导致较低的电流密度，而去除有害离子可有效改善提金效率。金表面存在铁氧化物和 Au-CN 化合物，可能是金表面部分钝化的原因。Azizi 等探讨了黄铁矿、黄铜矿、闪锌矿和辉铜矿对氰化提金的影响。方铅矿作为铅源，在很大程度上中和了硫化矿物溶解对金浸出的负面影响。黄铁矿-方铅矿电偶相互作用促进了金的浸出，而对黄铜矿而言，闪锌矿和辉铜矿与方铅矿的活性电偶相互作用不利于金的浸出。对于黄铁矿，在预氧化过程中加入硝酸铅可以显著提高金的浸出率。

　　Bas 等研究了黄铁矿和捕收剂存在条件下氰化浸金的电化学行为。试验表明，部分捕收剂易钝化吸附在金及矿物表面，对金的浸出有不利影响。Bas 等开展了氰化浸金电化学研究，结果表明，纯金电极比焙烧金矿石电极表现出更高的活性。在大气氧饱和的氰化物溶液中，少数金属导电相的阴极反应是速率控制反应，氧化铁产物的存在可能是金表面钝化的主要原因。Zia 等采用密度泛函理论，开展了氰化体系和硫代硫酸盐体系中硫物质在金表面钝化行为研究。结果表明，元素硫、硫离子、多硫化物在金表面形成了钝化层，阻碍金的浸出。硫酸盐和硫氰酸盐不会在金表面形成钝化层，但它们在氰化过程中易消耗溶解金所需的氧气和氰化物，间接影响金的浸出。该研究结果有助于揭示浸金过程中硫物质对金表面的钝化机理，并可通过抑制钝化过程中主要供硫物的形成来提高金浸出率。

1.3.2 硫脲法

硫脲是一种有机配合剂，分子式为 $SC(NH_2)_2$，易溶于水，具有很强的还原性，在酸性条件下可与金形成可溶性配合离子。如何降低硫脲药剂消耗是工业化应用中亟须解决的问题，硫脲提金工艺尚需进一步完善。Murthy 等开展了浮选金精矿加压预氧化预处理-硫脲浸金研究，金浸出率为 98%。Örgul 等开展了土耳其凯马兹微细浸染含金矿石硫脲提金研究，在最佳浸出条件下，当进料粒度为 $-53\ \mu m$、浸出时间为 6 h 时，金的浸出率为 85.8%。Ubaldini 等针对国内某金矿石开展了硫脲浸出提金的可行性研究。优化条件下，金回收率可达 80% 左右，每吨矿消耗硫脲 5 kg，硫酸 5 kg，硫酸铁 0.5 kg。

Rizki 等通过改变硫脲与 Fe^{3+} 的比值，控制了 TU 生物浸出过程中的电位。微生物可持续产出 Fe^{3+}，在低浓度的 1 mM 铁离子和 10 mM 硫脲下，电位控制在 490~545 mV，98% 的 Au 溶解。Lee 等提出了一种从烟尘中回收金、银的新工艺。两步法先用 H_2SO_4 溶解 Fe 和 Al，然后用硫脲浸出回收 Au 和 Ag。采用两步浸出工艺，金和银的浸出率比一步浸出工艺高，分别达到 98% 和 100% 左右。

Wang 等研究了在有无铁离子存在的情况下，硫脲溶液中的铁粉对金的胶合作用。铁离子对胶结反应动力学有显著影响，在无铁离子存在的情况下，金的渗入服从一级动力学，是一个扩散控制的过程。柠檬酸三钠可与铁生成铁(Ⅲ)-柠檬酸化合物，降低溶液的氧化还原电位，克服铁离子对金胶结反应的负面影响。Ranjbar 等用硫脲浸出铜阳极泥中的金，用纳米颗粒吸附溶液中的金离子。最后，在附着金的 NPS 悬浮液中加入氨，从而使金以金属形式沉淀。Yang 等揭示了金在酸性硫脲溶液中的溶解机理。Yang 等以硫酸铁为氧化剂，采用转盘法研究了硫脲-硫氰酸盐溶液中金的浸出行为。在 25℃ 的温度下，金的初始浸出率高于单独使用硫氰酸铁和硫脲铁溶液时的浸金率。这种协同作用归因于形成了 $Au(Tu)_2SCN$ 化合物。

1.3.3 硫氰酸盐法

作为氰化的替代方法，酸性硫氰酸盐体系已被考虑用于从含金矿物资源中溶解和回收金和银。金在酸性硫氰酸盐溶液中的溶解过程从溶液化学角度和非均相反应动力学角度来说都是相当复杂的。硫氰酸盐具有拟卤化物性质，并与银、汞、铅和其他金属离子形成不溶性盐。

Li 等绘制了 $SCN-H_2O$、$Au-SCN-H_2O$、$Ag-SCN-H_2O$、$Cu-SCN-H_2O$ 和 $Fe-SCN-H_2O$ 体系的 Eh-pH 和离子形态分布图，揭示了各金属离子在硫氰酸盐体系中的行为。在中等硫氰酸盐浓度下银（Ⅰ）和铜（Ⅰ）生成不溶性盐，在低硫氰酸盐浓度和高硫氰酸盐浓度下银（Ⅰ）和铜（Ⅰ）生成易溶盐。过量铁离子降低了铜（Ⅰ）和银（Ⅰ）表观硫氰酸盐的溶解活性。

Li 等开展了酸性硫氰酸盐浸金研究。浸出动力学研究表明，金的初始浸出率较慢，与硫氰酸盐和三价铁浓度关系不大，亚铁和铜离子对浸出动力学没有影响，银（Ⅰ）和铜（Ⅰ）离子对金的浸出率有明显的抑制作用。电化学实验表明，酸性硫氰酸盐溶液中浸金的阳极反应是浸金过程的限制步骤，阳极同时存在金的溶解和硫氰酸盐的氧化反应，加入硫脲可显著提高金的浸出率。硫氰酸盐及其与金属离子[Fe(Ⅲ)、Cu(Ⅱ)、Cu(Ⅰ)和Ag(Ⅰ)]的配合物在金表面具有很弱的吸附性能。Li 等考察了金属离子、矿物、温度、硫氰酸盐浓度、活性炭、pH对硫氰酸盐氧化速率的影响。温度对硫氰酸铁的氧化影响较大，为典型的均相化学反应。氧化物矿物对铁离子氧化硫氰酸盐的影响不大，黄铁矿和方铅矿对铁离子氧化硫氰酸盐的影响大。铜离子易氧化硫氰酸盐并生成不溶的硫氰酸亚铜化合物。

Wu 等开展了硫氰酸铵与甘氨酸混合体系的协同浸金实验，并对甘氨酸在硫氰酸盐浸出中的理论机理进行了研究。结果表明，甘氨酸可有效抑制硫氰酸盐的分解，同时由于甘氨酸对金的溶解特性，还可以作为附加浸出剂来提高金的浸出率。Zhang 等开展了硫脲-硫氰酸铵溶液浸金研究。在最佳条件下，单独使用硫脲、单独使用硫氰酸铵和使用硫氰酸铵+硫脲的浸出液时，金的提取率分别为57%、66%和95%。硫脲、硫氰酸铵和铁离子之间存在一定的相互作用，对提金有较大影响。硫氰酸盐可有效减少硫脲的消耗，黄铁矿优先消耗铁离子则不利于金的浸出。

1.3.4 硫代硫酸盐法

硫代硫酸盐法具有对设备腐蚀性弱、浸金速率高及试剂价格便宜等优点，而且比传统氰化物或卤化物溶液更具选择性，是一种极具潜力的非氰提金方法。Xu 等采用碱性加压氧化预处理后硫代硫酸盐浸金工艺。碱性加压氧化预处理可有效释放包裹金，但不能完全去除石墨和有机碳。由于炭质对硫代硫酸金配合物的亲和力较弱，加压氧化后硫代硫酸盐浸出提金率可达86.1%，硫代硫酸盐消耗为35.3 kg/t精矿。Lampinen 等开展了加压氧化金精矿的氨性硫代硫酸盐浸出研究。优化条件下，金浸出率高(达89%)，药剂消耗少，在加压氧化硫化金精矿浸出过程中，采用低药剂浓度可以避免普遍报道的药剂消耗多的问题。Dong 等提出了低电位硫代硫酸盐浸出-树脂吸附回收工艺，与传统的硫代硫酸盐浸出相比，低电位浸出稳定阶段的混合电位降低了 30 mV 左右，金的浸出率略有提高，硫代硫酸盐消耗从 34.6 kg/t 精矿降至 15.8 kg/t 精矿。

Olvera 等通过研究发现，在硫代硫酸盐浸金中使用活性炭可替代氧化剂作为催化剂；在 30℃的温度下，每吨矿石的硫代硫酸盐消耗量可降低至 2.1 kg，是一种具有潜在应用价值的浸金替代方案。Navarro 等开展了用硫代硫酸铵浸金研究。优化条件下，15 h 后的金浸出率达 94%，而氰化反应达到相同浸出率需 46 h 左右。Wang 等开展了硫代硫酸盐从富硫、富砷难浸金精矿中提取金的研究，明确了氧化矿预处理的重要性。浸出前对样品进行焙烧，用响应曲面方法确定最佳焙烧温度和焙烧时间分别为 642℃和 240 min。Munive 等研究表明，甘氨酸可有效提高硫代硫酸盐稳定性。

Liu 等绘制了 $Cu-NH_3-S_2O_3^{2-}-H_2O$ 体系浸金的优势区域分布图，揭示了 $Cu(II)/Cu(I)$ 的金溶解热力学、硫代硫酸盐稳定性和氧化还原行为，为复杂的硫代硫酸盐浸出溶液化学提供理论依据。Melashvili 等采用循环伏安法研究了金在硫代硫酸盐镁电解液中的氧化还原行为；基于铊和硫脲等催化剂的催化反应机理，讨论了金的阳极溶解过程。使用催化剂后，阳极电流突然增大，表明金阳极溶解的钝化与表面反应有关，与反应界面硫代硫酸盐离子的耗尽无关。

Zelinsky 等用伏安法揭示了金在硫代硫酸盐溶液新电极表面的阳极行为。电位大于 0.8 V，硫代硫酸盐氧化产物使金完全钝化；在开路电位到约 0.5 V 时，电极表面没有形成钝化层，金阳极溶解。Feng 等以羧甲基纤维素(CMC)作为表面活性剂，开展了硫化矿氨性硫代硫酸盐浸金实验。CMC 与硫代硫酸盐阴离子竞争和铜离子在轴向配位，可减少硫代硫酸盐消耗；CMC 还可提高矿浆分散性，抑制金钝化层形成。Feng 等在氨性硫代硫酸盐浸金体系中加入低浓度的乙二胺四乙酸(EDTA)，取得了较好提金效果。EDTA 可促进金银硫化物的溶解，降低催化铜/亚铜氧化还原平衡电位，降低混合溶液电位，提高硫代硫酸盐稳定性，抑制钝化层的形成，减少了外来重金属离子的干扰。

Liu 等在氨性硫代硫酸盐溶液中加入方铅矿和参比石英，揭示了方铅矿对硫代硫酸盐分解和浸金的作用机理。结果表明，方铅矿容易被铜(II)和溶解氧氧化，导致浆液电位下降至 230~240 mV，比石英浆液低近 50 mV，不利于金的溶解。Feng 等以含金硫化矿为原料，开展了添加正磷酸钠和六偏磷酸钠强化氨性硫代硫酸盐体系浸金研究。六偏磷酸钠和正磷酸钠可与铜(II)离子配合，阻碍硫代硫酸盐与铜(II)内部配位，提高硫代硫酸盐稳定性，使其不被铜(II)氧化。六偏磷酸钠还可减弱金/硫代硫酸盐与硫化矿物的相互作用，分散矿浆体系，改善浸出料浆的流动性。

1.3.5 多硫化物法

多硫化物法是一种非氰提金方法，其有效成分 S^{2-}、S_4^{2-}、S_5^{2-} 在碱性条件下可与金发生配合反应，生成稳定的配合物 AuS_x^- 并存在于溶液中，多硫化物浸出过程中添加适量 $NaCl$、NH_4Cl 等化学成分可有效提高多硫化物浸金性能。

杨天足等开展了多硫化钠浸出锑锍中提取金的研究，分析了不同时间、温度、液固比、粒度和硫化钠用量和加硫量对金浸出率的影响，最佳条件下金浸出率为93%以上。海光宝开展了多硫化物浸金研究，在优化工艺条件下，金浸出率为80%左右，与氰化浸金浸出率接近。朱国才等开展了硫化金精矿多硫化物浸金研究，研究表明多硫化物浓度对金浸出率影响最大，过高的温度会降低多硫化物稳定性，优化条件下金浸出率为90%以上，其中多硫化物浸出过程主要受化学反应控制。

龙炳清等开展了含金硫化矿多硫化铵和多硫化钠浸金研究，明确了多硫化钠和多硫化铵浸金的优化条件和影响因素，研究表明两者皆可与金发生反应，实现金的清洁提取，各有优缺点。多硫化铵热稳定性比多硫化钠差且设备较为复杂。Wen 等研究了碱性多硫化钠溶液对矿石中金的浸出行为。以硫和硫化钠为原料，在碱性条件下采用水热法制备多硫化钠。结果表明，所制备的多硫化物具有氧化剂和配合剂的双重作用，优化条件下金浸出率可达85%。

1.3.6 卤素法

(1) 碘化法

碘是一种具有氧化性的氧化剂，碘浸金原理与氯、溴基本一致。碘化法浸金一般在弱碱性介质中进行，对设备腐蚀性弱，试剂消耗量相对较少，并且同氰化物相比，碘是无毒药剂，应用前景十分广阔。

Tuncuk 开展了从废弃随机存取记忆体(RAM)装置中提取金研究。在以 2% 碘和 3% 过氧化氢为氧化剂、浸出时间为 2 h 的条件下，金和银的浸出率分别为96.81% 和 99.02%，过氧化氢浓度越高，金和银的浸出率越高。采用两步连续小试反应器浸出试验，铜、金和银的浸出率分别为98.73%、99.98%和96.90%，高选择性浸出。Baghalha 开展了碳质金矿和氧化型金矿碘化提金的研究，碳质矿石只有20%的提金率，金-碘化物配合物易吸附在有机碳质上。在 20 g/L 和 4 g/L 的含碘溶液中分别浸出 6 h 和 24 h 后，氧化矿中金浸出率分别为77%和89%。碘酸盐不能直接浸出金，加入盐酸将碘酸盐部分转化为碘则可实现金的浸出。氧化矿石中的硫化物和黑色金属矿物会缓慢消耗碘。

Martens 等开展了 EK-ISL 法从固结、未破碎、低渗透性矿石材料中提取金的可行性研究。通过施加恒定电压，实现低渗透岩石中的大量离子传输。研究明确了浸出体系的选择对原矿提金重要性，脉石矿物的溶解致使矿石渗透性增强，可促进离子的电迁移，结果表明 EK-ISL 法从原生矿中提金是可行的。Martens 等以碘/三碘溶液为浸出剂，开展了 EK-ISL 法提金实验。试验表明，即便黄铁矿质量分数为 5.26%，金的回收率仍可达 80%。实验和数值模拟结果表明，EK-ISL 在原则上是可行的。Martens 等使用碘化物/三碘溶液进行了实验室柱试验，以开发用于黄金 ISL 操作的概念和数值模拟框架。另外，确定了在流动条件下影响金 ISL 的主要过程：①双畴类型的迁移行为，即主要沿优先路径发生的迁移；②金的再沉淀，在三碘化合物降至过低而不能将金保留在溶液中的位置，从而减缓了金的回收；③矿石中存在竞争性还原剂，从而降低了 ISL 的有效性和缩短了黄金回收所需的时间。这些发现对于设计和解释现场规模的试验和操作都至关重要。

（2）氯化法

氯化法多采用氯气和氯酸钠等氧化性氯化物作为浸金剂。氯酸钠体系具有浸金效果好、氧化剂利用率高、反应速度快、浸金成本低、环境污染小、劳动条件较好等优点。Hasab 等开展了氯化物-次氯酸盐溶液氧化浸出含金硫化物精矿中金的研究。在优化工艺条件下，金的浸出率可达 82%。Hasab 等开展了机械活化对黄铁矿精矿氯化物-次氯酸盐浸金影响的研究。结果表明，球磨 45 min 后样品浸出 30 min，金的浸出率为 100%，而普通样品浸出 480 min 后金浸出率仅为 37.2%，研磨样品受化学反应和液膜扩散控制。机械活化增加了颗粒的比表面积和晶体结构中的累积应变。

Lu 等提出了一种从金属镁合金中安全、高效回收金的工艺，通过控制溶液的氧化还原电位选择性地浸出金和其他金属，然后通过萃取-蒸馏-煅烧工艺生产出海绵金。结果表明，在温度为 50℃、时间为 80 min、氧化还原电位为 1.1 V、氯化钠浓度为 17 g/L 的条件下，金的浸出率达 92.85%。Seisko 等开展了金在三氯化铁溶液中的溶解行为研究。金的溶解速率随温度、铁离子浓度和氯化物浓度的增加而增大，受 pH 影响较小，金的溶解受质量转移和电子转移的限制。Filcenco 等开展了氯化浸出铜-金渣中金的研究。经硝酸氧化预处理除铜后，加入氯气，在常温、液固比 L/S 为 2、盐酸浓度为 4 M、时间为 6 h 的条件下，金的浸出率达到 98%。

Seisko 等通过改变温度、铜浓度、氯化物浓度、转速、pH 等工艺参数，开展了金溶解反应速率和机理研究。金的溶解速率随温度、氯化物浓度和转速的增加而增大。pH 对金的溶解速率没有影响，只影响氧化剂的溶解度。Ahtiainen 等开展了氯化物提金研究。结果表明，金矿石中的杂质金属铁和铜可作为氧化剂，在铜作为氧化剂的情况下，使用与海水相当浓度（0.6 M）和（0.3 M）的氯化物，金的回收率分别为 72% 和 64%。该方法表明海水也可以作为潜在浸金剂，实现金浸出。Donmez 等开展了氯化法浸出脱铜阳极泥中金的研究，在温度 608℃、时间

4500 s、搅拌速度 600 r/min 最佳条件下，金的浸出率可达 99%。Hasab 等开展了高难选黄铁矿精矿中氯化物-次氯酸盐浸金工艺研究。结果表明，降低粒度有利于金的浸出，反应过程中黄铁矿颗粒上易形成氢氧化铁钝化膜，先用盐酸洗涤，再用氯化物-次氯酸盐进一步浸出，金的浸出率可达 96%。

(3) 溴化法

溴的性质与氯相似，是一种较强的氧化剂，溴离子可与 Au^+ 和 Au^{3+} 发生配位反应。Yoshimura 等提出先用含溴化铜的二甲基亚砜(DMSO)溶液浸金，再用水沉淀回收金新方法。在 333~348 K 温度下，在含 0.1~0.2 M 溴化铜和 0~0.2 M 溴化钾的二甲亚砜溶液中进行了金的溶解实验，并用电化学方法研究了金的溶解机理。采用水沉淀法，金的回收率为 87% 以上。使用较低 pH 的水可避免少量的铜与金沉淀。Sousa 等以葡萄牙卡斯特罗米尔矿石样品为原料开展了溴、氰化物和硫代硫酸盐浸金研究，综合试剂用量、浸出率、环保等因素，表明溴是该金矿提金的最优选择。

Wang 等研究了用溴酸盐-三氯化铁溶液从某高硫高砷碳质难选金矿中提取金的高效低毒方法。在 0.25 M 溴酸钾、0.08 M 三氯化铁、0.4 M 盐酸、浸出时间 5 min、搅拌速度 250 r/min 和液固比 L/S 为 5 的最佳工艺条件下，原矿金浸出率为 94.5%。矿物学研究表明，大部分硫化矿物在浸出过程会被氧化分解释放出包裹金，有利于金的浸出。

1.3.7　氨基酸法

Eksteen 等开展了低浓度碱性氨基酸-过氧化氢溶液浸金研究，浸出液温度控制在 40~60℃ 有利于金的浸出，氨基酸对金的溶解起协同作用。与组氨酸和丙氨酸相比，甘氨酸作为单一氨基酸时的浸金效果最好，组氨酸在甘氨酸-过氧化物溶液中可提高金浸出率。Oraby 等开展了碱性甘氨酸-过氧化氢体系从铜金精矿中选择性浸出铜和金的研究。优化条件浸出 48 h，铜浸出率可达 98%，金的浓度为 0.8 mg/L。浸出渣中铜主要分布在较大的黄铜矿颗粒和粗粒铜矿之间。

Oraby 等提出了一种添加甘氨酸强化铜氰化物溶液提金工艺，研究了在不同浸出条件下，添加甘氨酸对铜氰化液浸金动力学的影响。结果表明，在 $Cu-CN^-$-甘氨酸体系中，金的平均溶解速率约为常规氰化体系中金溶解速率的 6.5 倍。Oraby 等采用动力学和电化学方法研究了甘氨酸浓度、pH、CN/Cu 比和初始铜浓度对金溶解的影响。研究表明，在碱性甘氨酸-过氧化氢溶液中，金-银合金的浸金率约为纯金浸出率的 6 倍。

Oraby 等开展了甘氨酸原地浸出(ISL)金的研究，考察了 pH、温度、游离甘氨酸、铁离子、氯化钠和固形物含量对提金动力学的影响。在甘氨酸含量为 15 g/L、pH = 12.5 条件下浸出 336 h，金的浸出率为 85% 以上。Azadi 等研制了一种微流控装置，用于模拟在不同温度和浸出剂浓度下用碱性甘氨酸体系原地浸金实验，该装置还可在设定条件下对浸出过程进行全时段定量监测。结果表明，适当增加甘氨酸浓度可在一定程度上提高金浸出率，但过高的甘氨酸浓度会降低金回收率。Oraby 研究表明，甘氨酸-氰化物体系中的金溶解速率比常规氰化体系中的金溶解速率高近 3 倍。

1.4 浸金液中金回收方法

1.4.1 置换法

置换法是依据金属的活泼性顺序，通过氧化还原反应，用一种活泼金属单质把溶液中溶解的另一种相对不活泼金属分离提取出来的一种方法。置换法广泛应用于湿法冶金工业中贵金属的提取，锌粉置换法最早在 1890 年用于氰化浸金液金的回收，随后成为氰化浸金液中回收金的主流方法，但再之后渐渐被活性炭吸附法取代。置换法回收溶液中金的工艺中，常用的金属置换剂有 Zn、Fe、Al、Pb、Cu 等，各金属的还原反应及对应的电势如式(1-14)至式(1-20)所示：

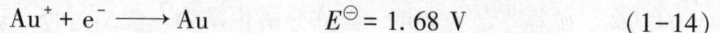

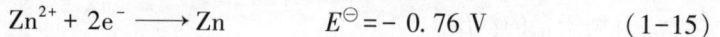

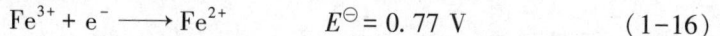

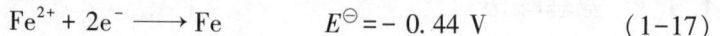

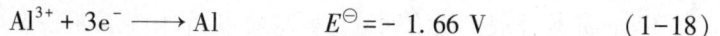

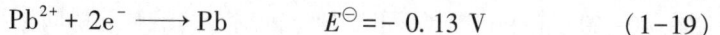

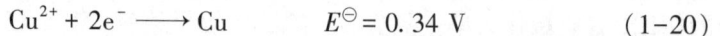

$$Au^+ + e^- \longrightarrow Au \qquad E^\ominus = 1.68 \text{ V} \qquad (1-14)$$

$$Zn^{2+} + 2e^- \longrightarrow Zn \qquad E^\ominus = -0.76 \text{ V} \qquad (1-15)$$

$$Fe^{3+} + e^- \longrightarrow Fe^{2+} \qquad E^\ominus = 0.77 \text{ V} \qquad (1-16)$$

$$Fe^{2+} + 2e^- \longrightarrow Fe \qquad E^\ominus = -0.44 \text{ V} \qquad (1-17)$$

$$Al^{3+} + 3e^- \longrightarrow Al \qquad E^\ominus = -1.66 \text{ V} \qquad (1-18)$$

$$Pb^{2+} + 2e^- \longrightarrow Pb \qquad E^\ominus = -0.13 \text{ V} \qquad (1-19)$$

$$Cu^{2+} + 2e^- \longrightarrow Cu \qquad E^\ominus = 0.34 \text{ V} \qquad (1-20)$$

由于金和活泼金属的标准电极电势差异较大，上述几种金属都可作为金的还原剂。Karavasteva 分别用 Mg、Al、Zn、Fe 和 Cu 五种金属从硫代硫酸铵溶液中置换金，在沉淀金的过程中，置换反应速率和置换剂的消耗量按大到小的顺序排列均为 Cu、Zn、Mg、Fe、Al；五种金属置换后金属上沉积的金的形态存在明显差异，Mg、Zn、Fe、Cu 置换金时需要较大的过量系数，Al 的消耗量相对较小，Zn 的置换效果最好，Al 由于极低的置换速率而限制了其实际应用，Mg 和 Fe 则可应用于实际生产中。

(1)锌粉置换法

锌粉作为置换剂，具有流程短、反应速度快、金属回收率高等优点，在贵金属湿法提取工业上应用较广。Lee 等开展了锌粉、铁粉和铝粉分别置换酸性硫脲浸金液中的金的研究，结果表明锌粉对酸性硫脲浸金液中金的置换率最高，铝粉置换反应速度较慢，可能是铝粉表面形成氧化膜所致。置换过程中向溶液中通入氮气可显著减缓硫脲的分解和金的溶解，有利于提高金的回收率。Demirkıran 等开展了锌粉从含锌铜溶液中置换回收铜工艺研究，结果表明置换速率随着初始铜和锌离子的浓度、搅拌速度及温度的增加而增加。

锌粉置换法回收浸金液中金的工艺已经相当成熟，其设备操作简单，生成金泥品位高、成本低，特别适合处理含银高的金矿石。锌粉置换法主要经历了三个方面的技术改进：一是用锌粉代替锌丝，使得置换效率大幅提高；二是在锌粉中添加可溶性铅盐，提高了金的沉积速率；三是对贵液进行脱氧处理，减少了锌粉消耗。

Oo 等用旋转圆盘电极法开展了锌粉从金氰体系中置换金研究，认为体系中主要涉及金的还原和锌的溶解两个反应，反应的速率控制步骤是金氰配合离子向锌粉表面扩散的过程。加入铅对置换反应速率影响不大，但会影响金沉淀物的形态，在 10℃ 下添加铅能扩大反应的扩散区以促进置换过程，在 40℃ 下添加铅会使电位增加，减少锌腐蚀。Hsu 等开展了锌粉从 Cu-Au-CN^- 体系中选择性沉淀金的动力学研究，结果表明随着溶液中游离氰化物浓度和 pH 的提高，铜的沉淀速率降低，由此可通过选择高游离氰化物浓度和高 pH，用锌粉选择性地沉淀出金，来将铜留在溶液中。

Miller 等对置换过程中悬浮锌粉颗粒表面上金的沉淀动力学和旋转锌盘电极电化学进行了研究，考察了金浓度、温度、硝酸铅加入量等对置换反应的影响，结果发现在置换过程中存在锌颗粒聚集现象和锌钝化现象。Navarro 等用锌粉置换法回收硫代硫酸铵溶液中的金，考察了各反应因素对金沉淀率的影响，结果表明置换反应过程属于扩散控制，添加氨水能够促进金置换反应，并提出了该体系置换机理，如式（1-21）至式（1-24）所示：

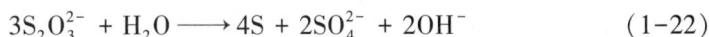

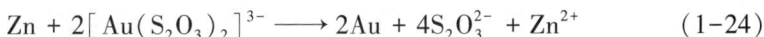

$$S_2O_3^{2-} \longrightarrow S + SO_3^{2-} \tag{1-21}$$

$$3S_2O_3^{2-} + H_2O \longrightarrow 4S + 2SO_4^{2-} + 2OH^- \tag{1-22}$$

$$Zn(NH_3)_m^{2+} + 2OH^- \longrightarrow ZnO + H_2O + mNH_3 \tag{1-23}$$

$$Zn + 2[Au(S_2O_3)_2]^{3-} \longrightarrow 2Au + 4S_2O_3^{2-} + Zn^{2+} \tag{1-24}$$

国内学者也对锌粉置换法进行了研究和工业探索。李传伟等研制出了锌粉精密添加系统，能够满足置换过程中精密添加锌粉的要求。卢辉畴通过控制 $Pb(AC)_2$ 的用量，改进了用锌粉置换法从含高铜、铅、锌的氰化贵液中直接回收金的工艺，解决了流程中铅锌的积累导致金置换率下降的问题。王杰等开展了锌粉置换回收硫代硫酸盐浸金液中的金的研究，结果表明随着锌粉用量增加，金置换率会升高，浸金液中的游离硫代硫酸盐对置换反应影响较小，但 Cu^{2+} 和 SO_4^{2-}、SO_3^{2-} 等硫化物不利于反应的进行，而加入铅盐有利于置换反应进行。刘琳用锌粉置换法回收铜-乙二胺-硫代硫酸盐浸金液中的金，研究了溶液组分、pH、温度等因素对置换反应的影响，并详细讨论了还原过程中铜的行为以及影响锌粉消耗量的因素。

（2）铁粉置换法

铁粉活泼性较强，价格低廉，是一种理想的置换剂。Li 等分别用铁粉和锌粉回收硫氰酸盐溶液中的金，结果表明铁粉的还原效果明显优于锌粉，用铁粉置换反应 1 h 可以使金的沉淀率达到 98%，而用锌粉置换时金的沉淀率不到 80%。Zhang 等用旋转低碳钢盘对酸性硫脲溶液中金的置换进行了动力学研究，确定置换反应速率受硫脲金配合物向低碳钢表面扩散的控制，铁的氧化是简单的活化控制过程，而硫脲金配合物的还原比较复杂，存在扩散控制区域。

Wang 等开展了铁粉回收硫氰酸盐浸金液中金的研究，考察了各种因素对置换过程的影响，确定置换反应速率是关于金浓度的一级动力学模型，控制步骤为扩散过程，测定了反应的活化能为 9.3 kJ/mol。溶液中的 Fe^{3+} 会降低金还原率，在置换过程中向溶液中充入氮气则能够提高金的回收率。王为振等采用铁粉回收含金滤液中的金、银、铜等有价金属，考察了各个因素对金属置换率的影响，结果表明当铁粉添加量为 5 kg/m³，在 40℃下反应 30 min，能高效还原含金滤液中金、银和铜。

在酸性含金溶液中，采用铁粉还原金时，Fe^{3+} 的存在对金的置换有负面影响。铁离子的存在不仅会导致体系的氧化还原电位升高，使得已被还原的金重新溶解，还会与单质铁发生氧化还原反应，导致还原铁粉的耗量大大增加。Wang 等研究了铁粉从酸性硫脲浸金液中置换金的反应，通过研究体系氧化还原电位和动力学，确定 Fe^{3+} 的负面影响机制，并通过加入柠檬酸三钠，使 Fe^{3+} 形成 $Fe(Ⅲ)-cit^{3-}$ 配合物，如式（1-25）和式（1-26）所示，从而消除 Fe^{3+} 对置换金的负面影响。

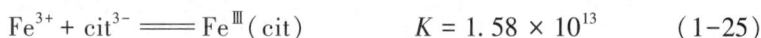

$$Fe^{3+} + cit^{3-} \Longrightarrow Fe^{Ⅲ}(cit) \qquad K = 1.58 \times 10^{13} \qquad (1-25)$$

$$Fe^{Ⅲ}(cit) + cit^{3-} \Longrightarrow Fe^{Ⅲ}(cit)_2^{3-} \qquad K = 2.51 \times 10^4 \qquad (1-26)$$

（3）铝粉置换法

铝粉的活泼性很强，但由于致密氧化膜的存在，铝粉置换的反应速率较慢。Wang 等用铝粉从酸性硫脲浸金液中置换、回收金，研究了温度、搅拌速度、Fe^{3+} 和脱氧等条件对置换反应的影响，在没有 Fe^{3+} 存在的情况下，置换反应遵循一级动力学反应，Fe^{3+} 的存在会降低金的还原率，F^- 加入之后则能抑制 Fe^{3+} 的负面影响，从而提高金的还原率。李永芳研究了 Cu^{2+} 对铝粉置换法回收硫代硫酸盐溶液中金的影响，考察了铝金质量比、pH、氨浓度、金浓度和温度等因素对金沉淀率的影响，结果表明 Cu^{2+} 的存在会对金的置换反应产生不利影响，而加入 EDTA 则能够消除 Cu^{2+} 的负面影响，提高金的回收率。

（4）铜粉置换法

Hiskey 等利用旋转铜盘开展了铜置换硫代硫酸铵浸金液中金的动力学研究，

考察了各个因素对置换金的影响，反应速率随着置换反应时间增加而加快。Dreisinger 等利用铜粉置换法回收硫代硫酸铵溶液中的金，考察了各反应因素对置换过程的影响，结果表明提高温度和氨水浓度有利于金的沉积，而亚硫酸盐和 Cu^{2+} 的存在不利于置换反应。李永芳对铜粉置换硫代硫酸盐金进行了单因素实验研究，在 $S_2O_3^{2-}$ 浓度为 0.06 mol/L、氨浓度为 0.1 mol/L、pH 为 9.7、铜金质量比为 200、温度为 25℃、金浓度为 10 mg/L 的优化条件下，金的沉淀率为 95%以上。研究表明，二价铜离子对置换反应有不利影响，可通过加入 EDTA 来消除 Cu^{2+} 的负面影响，提高金的还原率。

1.4.2 活性炭吸附法

活性炭吸附法起于 18 世纪末，而后出现了炭浆法、炭浸法，直至现在已成为世界范围内氰化工厂回收金的主流方法。炭浸法即将活性炭颗粒直接加入氰化浸金的矿浆中，进行逆流吸附；由载金炭解析之后金进入溶液中，和活性炭经过活化后返回炭浸工序，解析得到的解析液则可以用锌粉置换法或电解法回收金。炭浸法可省去锌粉置换法所需的固液分离步骤，操作简单。活性炭在浸出过程中不断吸附金，可使液相中金氰配合离子浓度下降，起到助浸作用，有效缩短氰化时间和提高金的浸出率。典型氰化炭浸法提金工艺流程如图 1-7 所示。

Santiago 等评价了不同致盲添加剂对矿煤和金矿中含碳物质的钝化/钝化能力影响。吸附实验表明，无烟煤吸附金氰化物成功，烟煤和褐煤吸附金氰化物失败，而加入合适添加剂可有效钝化矿物中的含碳物质。Salarirad 等评价了不同类型和不同浓度的浮选脱水剂对颗粒活性炭（GAC）吸附金动力学的影响，结果表明浮选药剂组合对活性炭吸附金的动力学活性有较好的协同作用。Salarirad 等研究了浮选脱水剂对活性炭氰化过程、载金量和吸附动力学的影响。实验结果表明，浮选药剂对氰化过程有不利影响，采用浮选药剂用量很大的药剂方案会严重阻碍活性炭对金的吸附动力学。

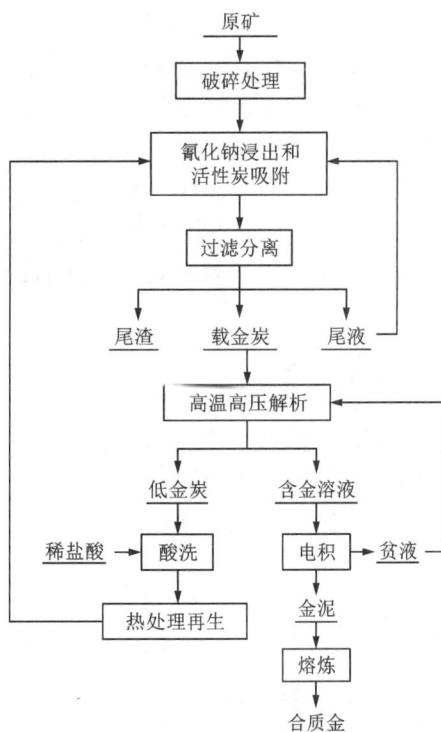

图 1-7 氰化炭浸法流程图

Souza 等讨论了过量游离氰化物、钙离子和曝气条件对不同活性炭样品上铜氰配合物选择性吸附金的影响。结果表明，当溶液中游离氰化物过多时，Au/Cu 的选择性较高，但活性炭样品上的 Au 负载量下降，在工艺溶液中添加 Ca^{2+} 离子和控制最佳游离氰化物浓度可能有助于提高 Au/Cu 的选择性。Blanchette 等评估了与测量碳浓度、金含量的 CIL 罐取样相关的误差，并描述了这些误差对 Agnico-Eagle Mines Limited LAPA 选矿厂 CIL 罐中黄金库存估计的影响。Yu 等研究了水溶液中金-硫代硫酸盐配合离子 $[Au(S_2O_3)_2]^{3-}$ 在浸渍亚铁氰化铜的活性炭上的吸附，实验结果表明，$[Au(S_2O_3)_2]^{3-}$ 在 AC-CUFC 上有较强的吸附作用，吸附过程分两步进行：$[Au(S_2O_3)_2]^{3-}$ 先扩散到 AC-CUFC 表面，发生 Au 和 Cu 的离子交换反应，然后 Au(I) 可能被碳或 $[Fe(CN)_6]^{4-}$ 还原为自然金。Aylmore 等考察了几种典型的氧化物、硫化物矿物和活性炭对硫代硫酸盐浸出液中金的影响。银的存在利于铜/银/金混合硫化物的沉淀，针铁矿对 Cu(II) 有较强的吸附作用，铜在矿物表面的吸附抑制了金和银的损失。

为改善活性炭对金的吸附性能，提高其吸附容量和选择性，很多研究者对活性炭进行改性，并用改性后的活性炭进行金的吸附实验。Chen 等采用合成的富氮富硫活性炭（H-AC），通过吸附实验研究了 H-AC 对金的吸附性能，测得 H-AC 对金的吸附量为 25.8 kg/t。该研究提供了一种在无氰清洁硫代硫酸盐体系中利用活性炭回收金的新方法，对实现黄金的清洁生产具有重要意义。伍喜庆等用硫脲、甲醛和氨水作为改性剂对普通活性炭进行了改性，并用改性后的活性炭吸附溶液中的金，结果表明，活性炭经过改性后无论是在吸附容量还是在对金的吸附选择性上都有了巨大的提升。Syna 等分别用物理（汽化）方法和化学方法对甘蔗渣进行物理活化改性，将改性后的甘蔗渣用于吸附硫脲浸金液中的金，结果表明，改性后的甘蔗渣能够有效吸附金。余洪用氯化铜或硝酸银合成的类普鲁士蓝化合物对活性炭进性改性，改性后的活性炭可较好地吸附金硫代硫酸根络离子。

1.4.3 溶剂萃取法

溶剂萃取是依据物质在两组不相溶的溶剂中不同的分配系数，用一种溶剂把目标物从另一种溶剂的溶液中分离出来的方法。对金具有良好萃取效果的常用萃取剂有伯胺、仲胺、叔胺、烷基亚磷酯等。溶剂萃取法具有设备简单、成本低、分离效果好、产品纯度高、自动化高等优点，适合用来处理含金量高的含金溶液。Alguacil 等用 Cyanex 921 萃取剂从氰化物溶液中萃取金，考察了各个因素对萃取效果的影响，结果表明，氧化膦萃取剂能够有效地从碱性氰化浸金液中萃取出金。Yang 等用季铵溴化十六烷基吡啶（CPB）萃取剂从碱性氰化物中萃取出金氰配合离子，并用磷酸三丁酯作为改性剂，经过两次萃取之后，金的回收率大于

94.5%，萃余液中金的浓度小于 0.5 mg/L。Kejun 等以三辛基甲基氯化铵（TOMAC）为萃取剂，在不调整酸碱度及其他因素的情况下，从硫代硫酸盐浸出液中萃取出金，该萃取剂可从硫代硫酸盐溶液中提取 99% 以上的金。

1.4.4　离子交换法

离子交换树脂是一类带有功能基的网状结构高分子化合物，大体上可分为阴离子交换树脂和阳离子交换树脂。离子交换法提金工艺和活性炭吸附法相似，包括吸附、解析与回收几个步骤。离子交换法具有工艺适应性强、吸附容量高、解析简单、树脂再生简单易行等优点，特别适合处理泥量大、炭质高的含金矿石。

Guo 等制备了一种低成本的纤维素基离子液体和羧甲基二乙基氨乙基纤维素（CMDEAEC），结果表明，CMDEAEC 只对 Au(Ⅲ) 有选择性，是一种高效、廉价、易得、环境友好的吸附剂，有望用于金的选择性回收。Pilsniak 等研究表明，含鸟嘌呤硫脲、1-甲基咪唑、2-巯基-1-甲基咪唑、二丙胺、1，2-二甲基咪唑和 1-(3-氨基丙基) 咪唑配体的功能树脂对氨水中的金(Ⅰ) 和银(Ⅰ) 有很高的选择性，不吸附铜(Ⅱ) 的氨配合物。

Jeffrey 等基于协同离子交换的概念，介绍了一种新的从树脂中回收硫代硫酸金的解析工艺。该解析工艺使用氯化物+亚硫酸盐体系，大部分金在解析后易被反萃，可通过电积从浓缩解析液中高效回收金。连续 7 级吸附微型闭环试验验证了新的解析工艺的可行性，该树脂不需要再生就可以回收。Zhang 等开展了强碱性阴离子交换树脂从碘化液中回收金的研究，当树脂没有大量负载三碘化合物，碘化金配合物就可有效地负载在树脂上。使用含有亚硫酸盐的氯化钠基解析液可实现金和碘的高效解析。

Murakami 等采用商用多胺型阴离子交换剂 Diaion WA21J，实现了废旧 LED 溶液中金的选择性吸附。用硫脲对 WA21J 金进行定量解析，用硼氢化钠还原金，可从解析液中得到单质金。M. 等以壳聚糖为骨架材料，制备了一种新型配合离子印迹树脂——N-乙二胺(1-咪唑乙基) 型壳聚糖，并将其应用于复杂水溶液中，选择性地萃取氯化金(Ⅲ)。与 Pb(Ⅱ)、Ni(Ⅱ)、Cu(Ⅱ)、Mn(Ⅱ) 和 Fe(Ⅲ) 相比，离子印迹聚合物对 Au(Ⅲ) 具有较高的选择性，吸附剂用 0.7 M 硫脲解析可再生成功。

1.4.5　电沉积法

Yap 等采用静态间歇电化学反应器从氰化物溶液中回收金，对多孔石墨电极、网状玻璃碳(RVC)、不锈钢和铜板等不同阴极材料回收金的性能进行了系统性评价，结果表明，活性 RVC 是一种优良的阴极材料，具有最高的回收率，电沉积 1 h 即可回收 99% 以上的金。Lekka 等开展了电沉积从多氯联苯和电接触浸取后获得的水溶液中回收金可行性研究。用王水作为浸出剂，浸出 PCB 和触头零件进行机械和热处理后得到的粉末，在浸出液中存在的金属中，只有铜能干扰金的沉积，这是由于氯化金配合物的还原峰与 Cu^{2+} 离子的还原峰非常接近。提高电解液温度和搅拌速率可提高金沉积速率，在 0.55 V 电位下可电沉积出致密的高纯金纳米晶镀层，本研究论证了电沉积法从电路板和触点的浸出液中回收金的可行性。Korolev 介绍了一种采用电化学沉积-氧化还原置换（EDRR）循环从湿法冶金溶液中回收微量金的新方法。与传统的碳浸/树脂浸出或溶剂萃取相比，该电化学法不需要添加任何化学物质，通过调整工艺参数，可以从浓缩的铜液中实现金的高度选择性回收。250 次 EDRR 循环后，镀层中 Au 含量超过 75%，Au/Cu 比由溶液中的 1：340 提高到成品的 3.3：1，EDRR 法可有效地从氯化铜溶液中回收痕量金。

1.5 国内外黄金冶炼厂典型工业应用实践

1.5.1 国内应用实践

湖南黄金集团有限责任公司采用二段焙烧预处理-氰化提金工艺，具体流程如图 1-8 所示。该工艺以高砷、高硫、高铁、高硅难处理金矿为主要原料，在温度为 300~700℃ 的通氧条件下，黄铁矿、毒砂或含金贱金属硫化物被氧化分解，使被包裹的金暴露出来，硫氧化后进入制酸系统生产硫酸，砷氧化后骤冷经布袋收尘生产三氧化二砷。氰化浸出阶段，在富氧、常温、pH 10.0~11.0、液固比 L/S 为 3、氰化物质量分数为 0.2%~0.4% 条件下，金回收率为 88% 以上，实现了高砷、高硫难处理金矿中金的高效回收。该工艺已成功应用于湖南中南黄金冶炼厂有限公司，年处理难处理金矿量为 6 万 t 以上。

河南中原黄金冶炼厂有限责任公司采用大型化富氧底吹造锍捕金工艺，具体流程如图 1-9 所示。该工艺以金精矿、铜精矿、石英、渣精矿及烟灰等物料为主要原料，氧气从底部氧枪鼓入炉中，氧气体积分数约 70%，炉料在熔池中迅速完成加热、脱水、熔化、氧化、造铜锍和造渣等熔炼过程。炉渣漂浮在熔池上层，渣含铜量约 3%，铜锍密度较大且沉于底部，铜锍品位 70%，金富集于铜锍中，铜锍经多步精炼工序可得到金锭。硫氧化后进入制酸系统生产硫酸，砷进入烟灰中进行进一步处理。富氧底吹造锍捕金工艺对复杂精矿的适应能力强，能够实现自热熔炼，金、银回收率为 97% 以上。该工艺已成功应用于河南中原黄金冶炼厂，年处理复杂精矿量为 260 万 t 以上，处理量居全国第一。

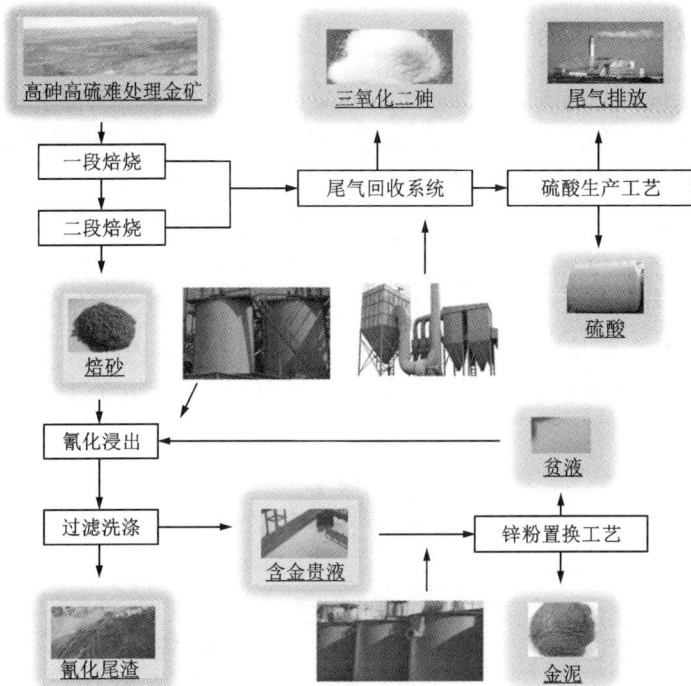

图 1-8　湖南黄金集团有限责任公司回收金工艺流程

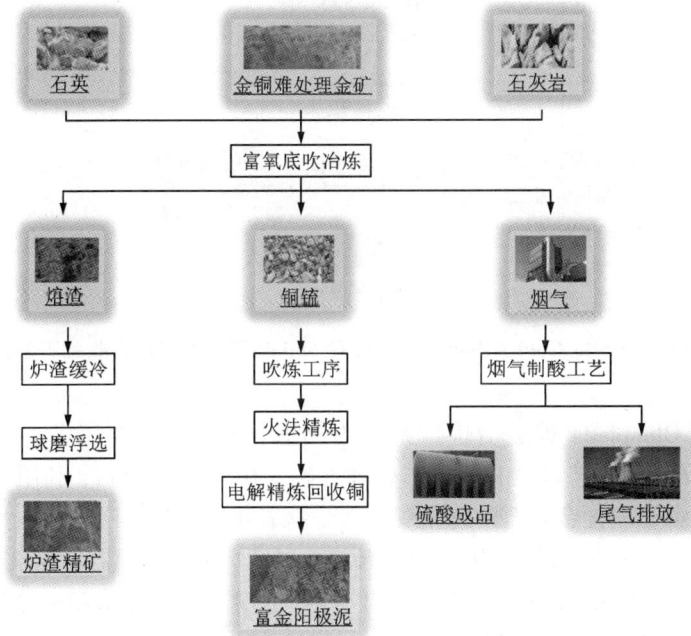

图 1-9　河南中原黄金冶炼厂有限责任公司回收金工艺流程

1.5.2 国外应用实践

巴西 Anglo Gold Ashanti's Serra Grande's 黄金冶炼厂采用碱性预氧化-氰化提金工艺，具体流程如图 1-10 所示。矿石平均金品位为 1.7 g/t，磁黄铁矿为主要硫化物，占比约 2.5%。该冶炼厂在碱性预氧化步骤采用 3 个串联的储气罐鼓入空气，同时以 60 L/h 的速率加入 50% 高浓度过氧化氢进行碱性预氧化，预氧化槽的溶解氧浓度为 7.2 mg/L；然后采用 14 个充气和机械搅拌的储罐进行氰化，处理干矿量为 150 t/h。预氧化后氰化浸出，NaCN 消耗从平均 0.52 kg/t 降至 0.4 kg/t，金回收率从平均 91.3% 提高至 92.5%。该工艺已成功应用于 Anglo Gold Ashanti's Serra Grande's 黄金冶炼厂，年处理金矿量为 100 万 t 以上。

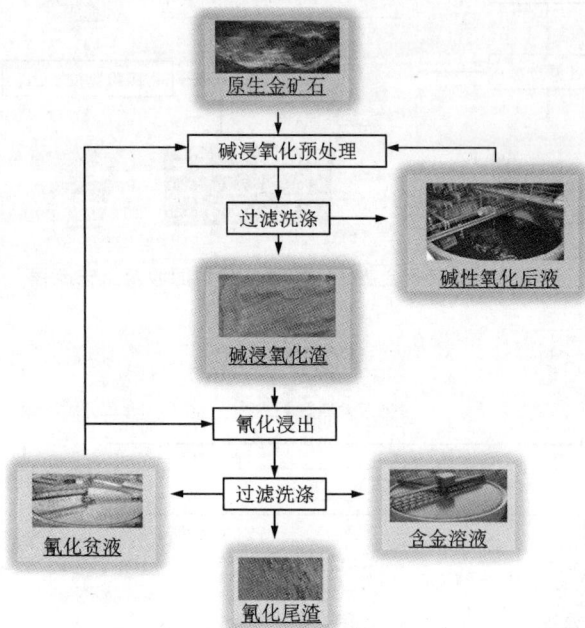

图 1-10 Anglo Gold Ashanti's Serra Grande's 黄金冶炼厂回收金工艺流程

俄罗斯 Olimpiada 黄金冶炼厂采用生物氧化-氰化提金工艺，具体流程如图 1-11 所示。该工艺以极北地区难处理含砷金矿为主要原料，利用化学自养微生物组合对难处理含金矿石浮选精矿进行生物氧化预处理，通过控制生物氧化过程矿浆密度、浮选精矿最佳磨矿细度、流速、温度、pH、搅拌器转速、空气消耗量等重要参数，并配备 BIO-1 和 BIO-2 自动化车间系统，使浮选精矿处理车间的生产能力从 870 t/d 提高到 1200~1300 t/d，2017 年生产了 30 多吨黄金，该工艺已

成功应用于 Olimpiada 黄金冶炼厂，BIO-1 和 BIO-2 车间每年可处理 800 万 t
金矿。

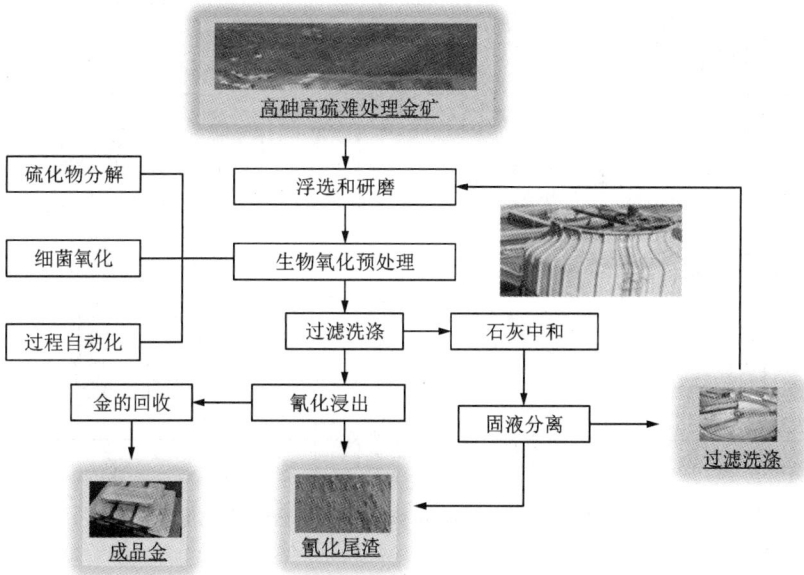

图 1-11 Olimpiada 黄金冶炼厂回收金工艺流程

英国 Anglo Asian 黄金冶炼厂采用氰化回收金、铜工艺，具体流程如
图 1-12 所示。该工艺以复杂的氧化型铜金斑岩矿床为主要原料，矿石经颚式破
碎机破碎、球磨后进入氰化浸出工序，高品位矿石[金品位大于 1 g/t]采用搅拌浸
出工艺，低品位矿石[金品位小于 1 g/t]采用堆浸工艺，共有 7 个处理能力为
1100 m³ 串联浸出池，处理量可达 100 t/h，浸出液采用独特的 RIP 树脂离子交换
法提金。Anglo Asian 黄金冶炼厂于 2013 年 7 月投产，在浸出过程中加入适量氨
水，将铜平均提取率从不添加氨的 41.9% 降到了 21.1%，氰化物消耗由 7.15 kg/t
降低至 4 kg/t，金浸出率始终维持在 72.5% 左右。该工艺已成功应用于 Anglo
Asian 黄金冶炼厂，年处理金铜矿为 72 万 t 以上。

吉尔吉斯斯坦 Alaburka 黄金冶炼厂采用酸性热压氧化-氰化提金工艺，具体
流程如图 1-13 所示。该工艺以吉尔吉斯斯坦 Alaburka 高砷难处理金精矿为原
料，于 2013 年 8 月 15 日试生产，生产规模达 1500 t/d，在氧化矿浆浓度 20%、氧
分压 0.7 MPa、氧化温度 160℃、氧化反应时间 3 h、搅拌速度 600 r/min 的条件下
进行硫酸热压氧化预处理，氧压渣进入氰化浸出工序，金浸出率可达 97.49%，较
直接浸出提高了 26.51%。氰化尾渣金品位仅为 1.57 g/t，较直接氰化提金尾渣

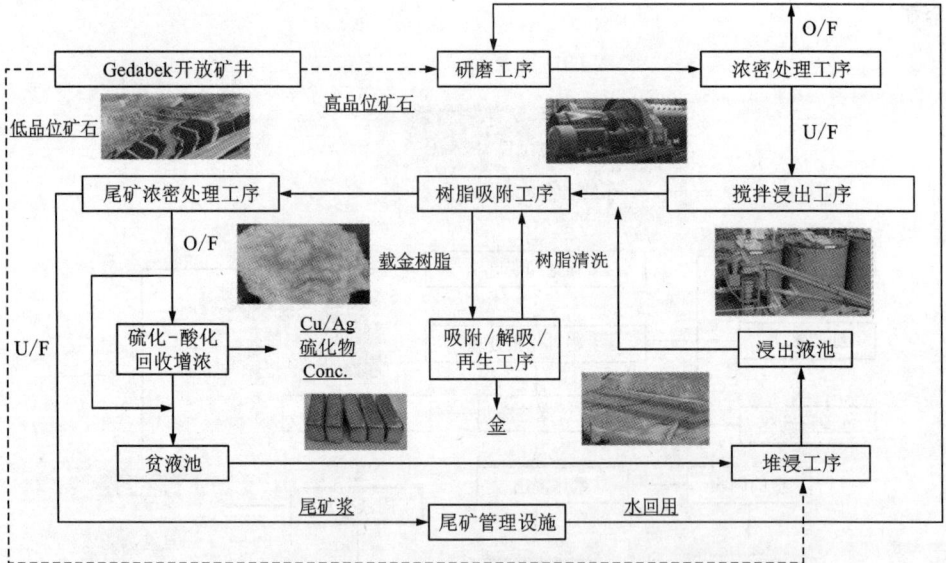

图 1-12　Anglo Asian 黄金冶炼厂回收金工艺流程

金品位降低了 14.11 g/t。该工艺已成功应用于吉尔吉斯斯坦的 Alaburka 高砷难处理金矿，年处理精矿量为 54 万吨以上。

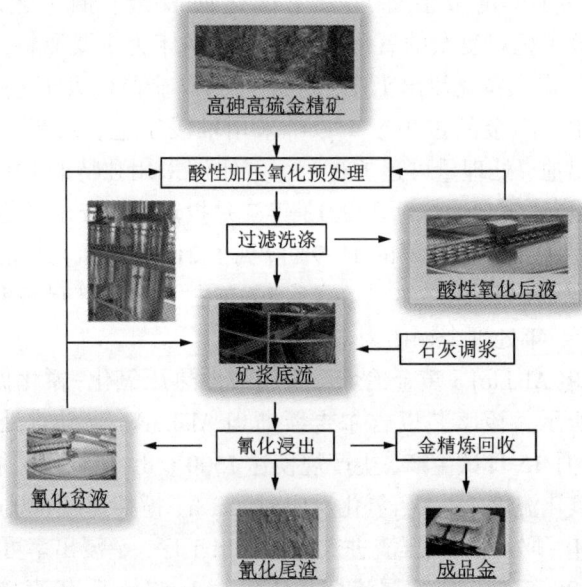

图 1-13　Alaburka 黄金冶炼厂金矿回收金工艺流程

上述典型黄金企业技术指标对比如表 1-3 所示。由表 1-3 可知，加压氧化、焙烧、生物氧化和碱浸等预处理方法在世界范围内均已实现工业化应用。绝大多数难处理金矿难浸原因多是微细粒浸染和砷、硫包裹等，经过不同方法氧化预处理后，可大幅提高难处理金矿中金的浸出率。

表 1-3　典型黄金企业技术指标对比

企业名称	国家	投产年份	原料	回收技术	金回收率/%	年处理量/10^3 t
湖南黄金集团有限责任公司	中国	2014	高砷高硫难处理金矿	二段焙烧预处理-氰化提金	>88	>60
河南中原黄金冶炼厂有限责任公司	中国	2015	复杂精矿	富氧底吹造锍捕金	>97	>2600
Ashanti's Serra Grande's	巴西	2009	原生金矿石	碱性预氧化-氰化提金	>92	>1095
Olimpiada	俄罗斯	2017	高砷高硫难处理金矿	生物氧化-氰化提金	—	>8000
Anglo Asian	英国	2013	金铜矿	氰化提金	>72	>720
Alaburka	吉尔吉斯斯坦	2013	高砷金精矿	酸性热压氧化-氰化提金	>97	>540

1.6　研究背景和研究内容

1.6.1　研究背景

黄金是一种稀缺的战略金属，广泛用于黄金首饰、货币储备和高科技行业。随着优质易处理黄金资源的不断消耗，难处理金矿逐渐成为黄金工业生产的主要原料来源。难处理金矿成分复杂，绝大多数金被硫化物和毒砂等物质包裹，无法被有效浸出，这已成为制约黄金产业发展的重要因素。

目前，国内外对于难处理金矿预处理的方法可分为火法预处理和湿法预处理两大类。火法预处理方法主要为焙烧法，焙烧法工艺成熟，操作简单，但易存在过烧或者欠烧的问题，焙砂中仍有部分包裹金无法被有效浸出。此外，难处理金矿焙烧过程中易产生大量二氧化硫和三氧化二砷等有毒气体，环境污染严重。湿法预处理方法主要分为生物氧化、化学氧化和加压氧化等方法。生物氧化法对低品位难处理金矿适应性好,具有金回收率高和环境友好等优点,但生物氧化法对工艺条件要求苛刻,存在生产周期长等缺点。化学氧化法具有试剂成本低和预处理时间短等优点,但对试剂、矿物种类、工艺条件及环境变化等较为敏感。加压氧化法具有原料适用性广、硫化物氧化彻底、环境友好和预处理时间短等优点,已广泛应用于难处理含金硫化矿石预处理工艺中,尤其适用于含砷含硫微细粒浸染型金精矿。

湿法提金方法主要分为氰化法、硫脲法、卤素及其化合物法、多硫化钠法和硫代硫酸盐法等。氰化法应用较广,国内80%以上黄金冶炼厂采用氰化法,但该工艺所用氰化物含有剧毒,提金过程产生大量含氰废水和废渣需要处理,环境污染严重。由环保部联合国家发改委和公安部等部门发布的新版《国家危险废物名录》中,将"采用氰化物进行黄金选矿过程中产生的氰化尾渣"列入危险废物名录。生态环境部发布的最新《黄金工业污染防治技术政策》中,鼓励企业采用非氰或低氰浸金体系提金。因此,开发环境友好型的非氰或低氰提金方法刻不容缓。

贵州卡林型金精矿中大多数金以微细粒浸染状态存在,主要赋存于黄铁矿和毒砂中。卡林型金精矿中大多含有碳酸盐、硅酸盐矿物、硫化矿和有机碳等,存在有机碳"劫金"现象。卡林型金精矿作为典型难处理金矿直接浸出时存在金回收率低等问题,需对其进行预处理方能实现金的高效提取。常规氰化法所用氰化物有剧毒,若管理不善易造成潜在环境污染问题。因此,开发卡林型金精矿高效环保提金新工艺迫在眉睫。

本书研究的工艺可有效解决从卡林型金精矿中提取金困难和氰化物剧毒难题,还可实现原料中部分砷的稳定固化,生产周期较常规氰化提金短,提金尾渣可无害化堆存,具有显著的经济效益和生态效益。因此,开发卡林型金精矿加压氧化预处理及高效提金研究具有极其重要的意义。

1.6.2 研究内容

本书以典型难处理卡林型金精矿为原料,拟开发酸性加压氧化预处理-铁矾分解-环保体系炭浸法提金新工艺,以实现从卡林型金精矿中高效提取金。针对卡林型金精矿金直接浸出回收率低的难题,该工艺通过酸洗预处理和酸性加压氧化预处理充分打开卡林型金精矿中碳酸盐和硫化物对金的包裹。针对酸性加压氧化预处理过程中生成铁矾物相对金的二次包裹难题,该工艺采用碱性破矾,充分打开铁矾对金的包裹。针对渣中存在的硅酸盐包裹金难题,该工艺采用超声波强化和超能活化预处理实现对包裹金的深度解离。针对卡林型金精矿提金过程存在的有机碳"劫金"现象严重和常规氰化法环境污染问题,该工艺采用硫脲、多硫化钠和EP-1环保浸金剂,通过炭浸法实现金的高效清洁提取。通过对不同提金体系的各项指标进行分析,该工艺确定优化提金体系,为卡林型金精矿中金的高效回收提供理论和技术支撑。卡林型金精矿加压氧化预处理及高效提金具体研究技术路线图及工艺流程图分别如图 1-14 和图 1-15 所示。

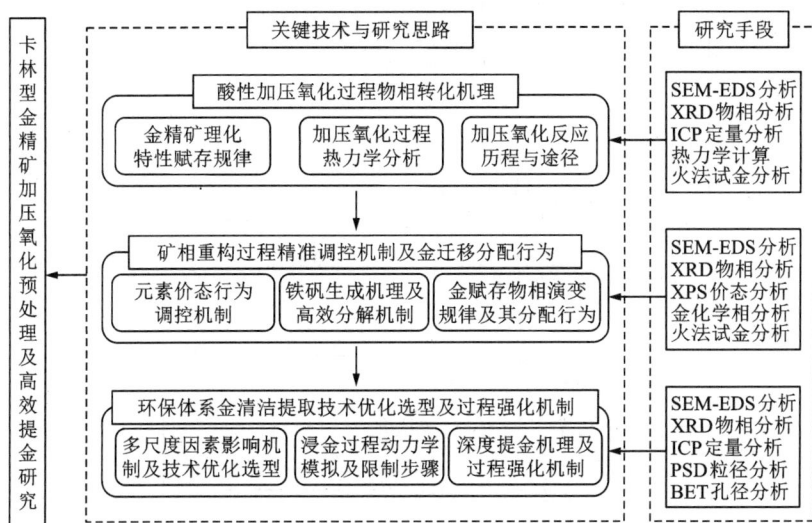

图 1-14 卡林型金精矿加压氧化预处理及高效提金研究技术路线图

本书将围绕以下内容开展研究。

（1）开展卡林型金精矿工艺矿物学研究，厘清卡林型金精矿理化特性及元素赋存规律。针对卡林型金精矿成分复杂的属性，采用 XRD、ICP、SEM 和 EDS 等现代分析方法，结合金化学物相分析方法和火法试金方法，明确卡林型金精矿元素分布、物相组成和微观形貌，明晰金元素赋存状态，为提金过程提供理论依据。

（2）开展卡林型金精矿酸性加压氧化预处理过程热力学分析，阐明加压氧化反应历程与途径，明确酸性加压氧化过程物相转化机理。计算并绘制高温条件下元素 Eh-pH 图，揭示酸性加压氧化预处理过程元素行为及优势区域。基于化学反应 $\triangle G^{\ominus}$ 及平衡常数原理，计算并绘制主要矿物化学反应 $\triangle G^{\ominus}$ 和平衡常数随温度变化图，阐明加压氧化反应历程与途径，明确酸性加压氧化过程物相转化机理，为卡林型金精矿酸性加压氧化预处理过程提供理论指导。

（3）开展卡林型金精矿硫酸酸洗-酸性加压氧化-铁矾分解工艺研究，明确元素价态行为调控机制，揭示金赋存物相演变规律及其分配行为，构建矿相重构过程精准调控机制。明确氧压温度、时间、氧分压和液固比对酸性加压氧化过程物相变化影响机制，阐明酸性加压氧化过程金赋存物相演变规律及其分配行为。基于热力学分析和元素化学状态分析，揭示酸性加压氧化过程不同氧压温度下的硫元素价态演变规律，明确硫元素价态行为调控机制。基于热力学分析和产物物相

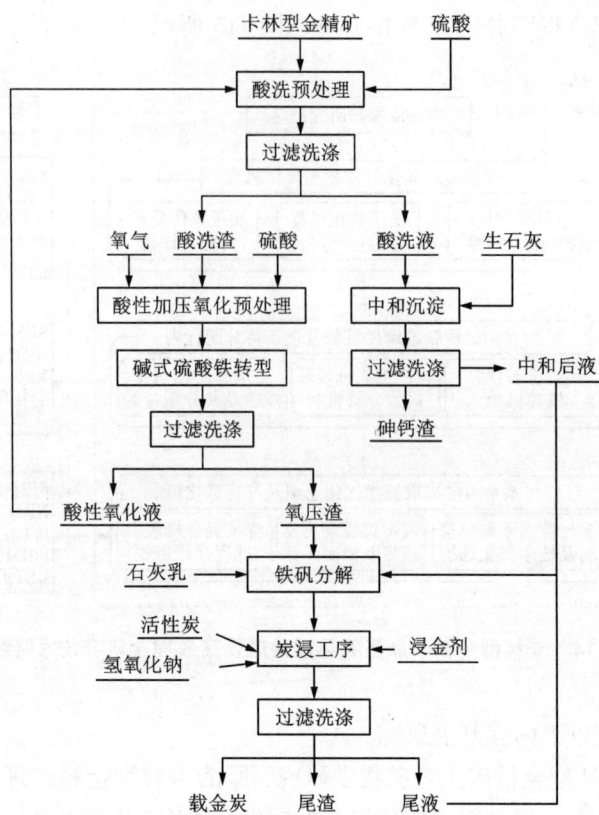

图 1-15 卡林型金精矿加压氧化预处理及高效提金研究工艺流程图

表征,厘清酸性体系铁矾生成机理及碱性体系铁矾高效分解机制,明确 pH、搅拌速度、液固比、温度和时间对碱性体系铁矾分解影响,为卡林型金精矿中金高效提取提供理论依据和技术支撑。

(4)开展铁矾分解渣环保体系炭浸法提金工艺研究和金浸出过程动力学研究,明确多尺度因素提金影响机制及过程限制步骤,构建最优环保体系炭浸法金清洁高效提取技术优化原型。开展最优活性炭选型研究,确定最优活性炭选型。开展铁矾分解渣酸性硫脲体系提金工艺研究,重点开展碱性多硫化钠体系及 EP-1(Environmental protection gold extraction reagent-one)体系提金工艺研究和动力学模拟研究,明确碱性多硫化钠体系及 EP-1 体系多尺度因素提金影响机制及过程限制步骤,为金的高效深度提取提供理论指导。

(5)开展铁矾分解渣深度提金研究,揭示深度提金机理,明晰过程强化机制。开展铁矾分解渣超声强化深度提金研究,明确超声强化频率对 EP-1 体系提金影响机制及强化机理。开展铁矾分解渣超能活化深度提金研究，明晰超能活化过程微观作用机制，明确超能活化过程强化机理。

（6）对不同体系提金工艺指标进行分析，厘清不同提金体系试剂热稳定性、药剂消耗、金浸出率、生产成本、生产周期、工艺连续性及提金尾渣毒性等工艺指标优劣差异，明确优化提金体系。考察优化提金体系循环浸出性能，明晰优化提金工艺环保属性，为工业生产应用提供理论依据。

第 2 章 实验研究方法

2.1 实验原料分析及表征

实验所用原料为典型卡林型难处理金矿经浮选富集处理后得到的金精矿，源于贵州某黄金冶炼企业。考虑到卡林型金精矿在堆存过程中易吸水，取足量金精矿原料置于电热干燥箱内，在 95℃条件下干燥 20 h 后取出，待其冷却后破碎经 150 目分样筛过筛处理，然后用自封袋密封保存。

2.1.1 元素组成定量分析

对卡林型金精矿进行化学成分定量分析，分析结果如表 2-1 所示。

表 2-1 卡林型金精矿的化学成分

元素	质量分数/%	元素	质量分数/%	元素	质量分数/%	元素	质量分数/%
Au[①]	15.85	S	23.64	Fe	22.69	As	2.41
C	6.15	SiO_2	17.46	Ca	5.74	Mn	1.050
Pb	0.49	Zn	0.55	Al	3.18	K	2.68
Mg	2.73	Na	1.35	—	—	—	—

注：①单位 g/t。

由表 2-1 可知，卡林型金精矿成分复杂，铁、硫、砷、碳、硅、铝和钙等元素含量均超过 1%。卡林型金精矿中铁、硫和二氧化硅含量分别为 22.69%、23.64% 和 17.46%，钙、镁、铝和砷含量分别为 5.74%、2.73%、3.18% 和 2.41%。原料中总碳含量为 6.15%，其中无机碳和有机碳含量分别为 1.86% 和 4.29%。

2.1.2 物相组成分析

采用 XRD 物相分析方法对卡林型金精矿进行了 X 射线衍射分析，金精矿物相组成分析结果如图 2-1 所示。

由卡林型金精矿的 XRD 图谱分析可知，卡林型金精矿的主要物相为石英

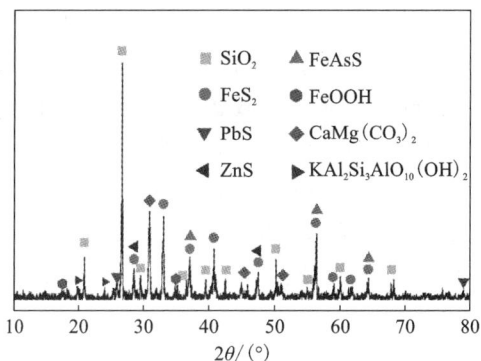

图 2-1 卡林型金精矿的 XRD 图谱

(SiO_2)、黄铁矿（FeS_2）、白云石［$CaMg（CO_3）_2$］、毒砂（$FeAsS$）、褐铁矿（$FeOOH$）、方铅矿（PbS）、闪锌矿（ZnS）和白云母［$KAl_2Si_3AlO_{10}（OH）_2$］。卡林型金精矿所含矿物种类繁多，物相组成复杂。

2.1.3 微观形貌及微区分析

采用 SEM-EDS 分析方法对卡林型金精矿进行了微观形貌及微区分析，分析结果如图 2-2 所示。

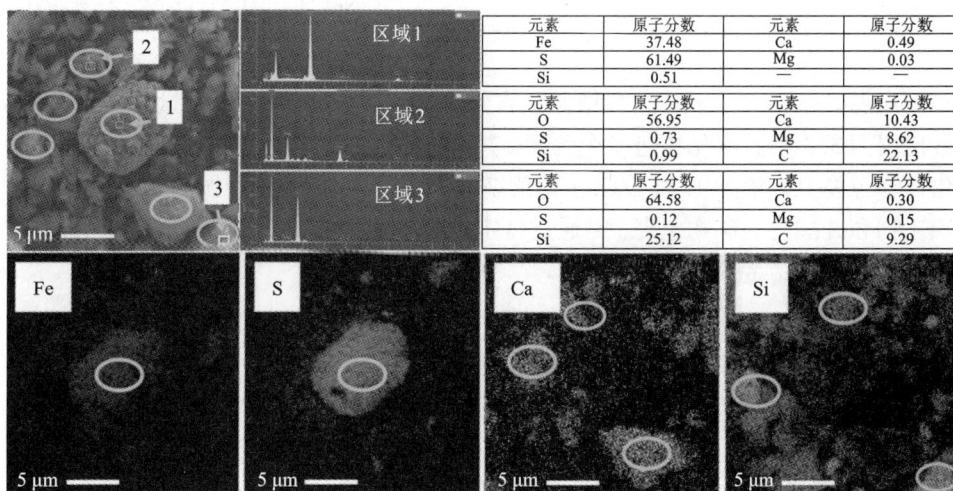

元素	原子分数	元素	原子分数
Fe	37.48	Ca	0.49
S	61.49	Mg	0.03
Si	0.51	—	—

元素	原子分数	元素	原子分数
O	56.95	Ca	10.43
S	0.73	Mg	8.62
Si	0.99	C	22.13

元素	原子分数	元素	原子分数
O	64.58	Ca	0.30
S	0.12	Mg	0.15
Si	25.12	C	9.29

图 2-2 卡林型金精矿 SEM-EDS 图

由图 2-2 可知,铁、硫、钙和硅均存在局部高度富集现象。区域 1 中铁和硫原子数量占比较高,硅、钙和镁原子数量占比较低。区域 1 中铁和硫原子数量占比分别为 37.48% 和 61.49%,结合图 2-1 卡林型金精矿的 XRD 图谱分析结果可知,区域 1 主要成分为含硫铁化矿。区域 2 中碳、镁、钙和氧原子数量占比较高,硫和硅原子数量占比较低。区域 2 中碳、镁、钙和氧原子数量占比分别为 22.13%、8.62%、10.43% 和 56.95%,结合图 2-1 卡林型金精矿的 XRD 图谱分析结果可知,区域 2 主要成分为碳酸盐矿。区域 3 中硅和氧元素原子数量占比较高,硫、钙和镁原子数量占比较低。区域 3 中硅和氧原子数量占比分别为 25.12% 和 64.58%,结合图 2-1 中卡林型金精矿的 XRD 图谱分析结果可知,区域 3 主要成分为硅酸盐。

2.1.4 金物相分析

采用金化学物相分析方法对卡林型金精矿中金物相进行了分析,金物相分析结果如表 2-2 所示。

表 2-2　卡林型金精矿中金物相分布

物相	裸露金	碳酸盐及其他化合物包裹金	硫化物包裹金	硅酸盐包裹金	总金
质量分数 /$(g \cdot t^{-1})$	0.55	0.48	13.70	1.12	15.85
占比/%	3.47	3.03	86.44	7.06	100

由表 2-2 可知,卡林型金精矿金含量为 15.85 g/t,裸露金含量为 0.55 g/t,占比仅为 3.47%;硫化物包裹金为 13.70 g/t,占比高达 86.44%;硅酸盐及其他化合物包裹金含量为 1.12 g/t,占比为 7.06%。卡林型金精矿中 95% 以上的金被硫化物和硅酸盐等矿物包裹,需通过特定预处理方法充分打开金包裹后才能实现卡林型金精矿中金的高效提取。

2.2　实验过程

2.2.1　硫酸酸洗实验

按一定值的液固比称取适量卡林型金精矿和一定体积的纯水置于烧杯中,开启数显电动搅拌器将其充分搅拌混匀,浆化时间为 10 min,而后缓慢加入硫酸调节 pH 至 1.0~1.5。酸洗过程中碳酸盐等耗酸物质会与硫酸反应,不断消耗硫酸同时产生气泡。硫酸酸洗过程中需实时监测溶液 pH 并实时补充硫酸，将溶液 pH 始终维持在 1.0~1.5。酸洗时间为 30 min，待溶液中无气泡产生且 pH 较为稳定后关闭数显电动搅拌器。将酸洗渣作为酸性加压氧化预处理原料，保留酸洗液待进一步处理。

2.2.2　酸性加压氧化预处理实验

按一定值的液固比称取适量酸洗渣和一定体积的纯水置于高压反应釜中，开启搅拌器将其充分搅拌浆化 10 min 后，缓慢加入硫酸至 pH 稳定在 1.2~1.5。紧固高压反应釜，开启电热加温装置，持续通入氧气，恒温反应一段时间。反应结束后，停止加热和通入氧气，维持原有搅拌速度，控制一定降温转型时间，降温转型期间温度不低于 90℃。酸性加压氧化预处理实验完成后，取出氧化矿浆，关闭高压反应釜电源。开启循环水式多用真空泵，将矿浆过滤洗涤分离以得到氧压渣和酸性氧化后液，使氧压渣进入铁矾分解工序，酸性氧化后液可返回酸洗工序。

2.2.3　铁矾分解实验

按一定液固比称取适量氧压渣和一定体积的纯水置于烧杯中，开启数显电动搅拌器充分搅拌并浆化 10 min 后，缓慢加入石灰乳至一定 pH 范围，维持溶液一定温度值。铁矾分解过程中需实时监测溶液 pH 并实时补充石灰乳，维持溶液 pH 为稳定状态。铁矾分解实验结束后过滤分离得到铁矾分解渣，将铁矾分解渣作为浸金原料。

2.2.4　不同体系浸金实验

按一定液固比称取适量铁矾分解渣和一定体积的纯水置于烧杯中，烧杯置于恒温水浴锅中以维持浸金反应恒定温度，开启数显电动搅拌器，设置目标转速，缓慢加入适量氢氧化钠或者硫酸调节矿浆 pH 至 10.5~11.5 或 1.3~1.5。待矿浆 pH 稳定后，加入一定量的浸金剂和活性炭进行浸金反应。反应结束后，开启循环水式多用真空泵，将矿浆过滤分离，烘干、磨细浸出渣后送样检测，进一步处理载金炭以回收金，循环使用或进一步处理尾液。

2.2.5　超声强化深度提金实验

按一定液固比称取适量铁矾分解渣和一定体积的纯水置于烧杯中，加入氢氧化钠调节 pH 至 10.5~11.5。将烧杯置于超声强化槽中，控制搅拌速度，开启超声强化装置至一定频率，加入适量浸金剂和活性炭进行超声强化深度浸出。实验过程通过 pH 计实时监控溶液 pH 变化，加入氢氧化钠控制 pH，浸金反应结束后关闭超声强化装置，取出烧杯，开启循环水式多用真空泵，将矿浆过滤分离，烘干、磨细浸出渣后送样检测。

2.2.6 超能活化深度提金实验

按一定液固比称取适量铁矾分解渣和一定体积的纯水置于烧杯中，开启搅拌器将其搅拌均匀后，开启超能活化预处理装置，使电机带动腔体内的销棒高速运转，矿浆进入超能活化装备腔体内与研磨介质充分碰撞接触，矿物颗粒变小。通过控制超能活化装备频率来控制超能活化效果，通过控制气动隔膜泵的通气速度来控制超能活化装备的出料速度。超能活化过程中应开启冷却水，控制超能活化预处理过程中的温度，以防止超能活化过程中出现过热现象。反应结束后关闭超能活化装备，使浆料经超能活化预处理后进入浸出工序。浸出反应完成后，开启循环水式多用真空泵，将浸出矿浆过滤分离，烘干、磨细浸出渣后送样检测。超能活化预处理实验结束后，需用清水多次清洗超能活化装备，避免腔体内残留浆料腐蚀设备。

2.3 实验表征方法

2.3.1 金含量的测定

火法试金方法是我国黄金冶炼厂分析样品金含量的主要方法，可以对卡林型金精矿、氧压渣和铁矾分解渣等样品中的金含量进行定量分析，主要分为烘样配料、高温熔炼、吹灰和分金称量四个步骤。具体如下：

(1)将所需检测样品放入烘箱，在100~105℃条件下烘干10 h后，冷却破碎至均匀粒度。取适量所需检测样品放入黏土坩埚中，将苏打、硼砂和淀粉分批加入并混合均匀，混匀后在表面覆盖一层氯化钠。

(2)将已经配置好分析物料的坩埚放置于900℃试金炉中，在30 min内升温到1100℃，保温适宜时间后出炉。

(3)将吹灰器皿提前置于900℃试金炉中预热30 min，而后将铅扣放置在灰吹器皿中，观察铅液情况。待铅液出现脱壳现象后，开始逐步降低炉温并进行灰吹操作。当试金颗粒开始闪光时，停止灰吹操作，将试金颗粒取出进行分金操作。

(4)将试金颗粒挤压至薄片放置于坩埚中，加入硝酸进行分金操作。实验完成后取出试金颗粒，经洗涤、烘干、灼烧和冷却后进行称量并计数。

将步骤(3)和步骤(4)过程产生的熔渣和吹灰器皿粉碎后补加适量苏打、二氧化硅、硼砂和淀粉置于坩埚中混匀，重复步骤(2)、步骤(3)和步骤(4)的操作，进行修正处理。采用式(2-1)计算样品中的金含量。

$$w = \frac{m_1 + m_2 - m_3}{m_0} \times 10^3 \qquad (2-1)$$

式中：w 表示金含量，g/t；m_0 表示试料质量，g；m_1 表示分析测得的金质量，g；m_2 表示补正分析测得的金含量，g；m_3 表示空白对照值，g。

2.3.2　金赋存物相分析

金化学物相分析方法主要是利用特定的试剂破坏矿物中的特定相，从而打开矿相对金的包裹，然后提取被打开的包裹金，采用金化学物相分析方法对金的物相分布进行测定。金赋存化学相分析如表 2-3 所示。

表 2-3　选择性预处理步骤及金化学物相

预处理步骤	金化学物相
碘化浸出	裸露金或可浸出金
盐酸预处理/碘化浸出	磁黄铁矿、方解石和铁氧化物等矿物包裹金
硫酸预处理/碘化浸出	不稳定硫化物等矿物包裹金
硝酸预处理/碘化浸出	黄铁矿和毒砂等矿物包裹金
氢氟酸和硫酸预处理/碘化浸出	硅酸盐包裹金
碱性预处理/碘化浸出	铁矾等矿物包裹金
氢氧化钠预处理/碘化浸出	硫酸钙矿物包裹金

2.3.3　S^{2-} 含量分析

样品中的负二价硫含量通过硫物相分析方法检测，采用碳硫仪测定样品中的总硫含量。样品中元素硫经亚硫酸钠溶液加热煮沸溶解后，加入甲醛，以酚酞为指示剂，用乙酸酸化后加入淀粉溶液，用碘标准溶液滴定至溶液为蓝色，从而计算元素硫的含量。样品中硫酸盐经碳酸钠溶液洗涤后，加入甲基橙，用盐酸中和至红色，赶尽二氧化碳，加入氯化钡溶液。沉淀经灰化灼烧后冷却称量，计算硫酸盐中硫的含量。由全硫量减去元素硫和硫酸盐中的硫含量即为硫化物中负二价硫的含量。

2.3.4　多元素分析

采用 X 射线荧光光谱仪(XRF，XRF-1800，日本岛津)对原料中的元素进行半定量分析。先将待测样品充分干燥后均匀粉碎,然后将其均匀置于载片上,表面消除硼酸,使用压片机将样品压制成圆形样品,通过 X 射线照射样品,测定接收的 X 射线荧光能量强度和数量,通过换算得出元素的含量。

采用 ICP-AES 分析方法(Baird PS-6 电感耦合等离子体原子发射光谱仪)对溶液中的离子含量进行定量分析检测。确定所需检测元素,主机点火开机后进入 ICP 分析程序,使用已配置好目标元素的标液对 ICP 设备进行校准。校准达标后,将毛细管放入待测溶液中分析目标元素含量,测量完成后将毛细管放入蒸馏水中并充分清洗。

2.3.5　物相分析

采用 XRD 分析方法(TTRIII X-ray 衍射仪)对样品中的物相组成进行分析检测。将样品充分干燥后均匀破碎,使用 Cu 靶和石墨单色器在衍射仪上以 8°/min 的速度扫描。通过衍射线的方向及强度进行表征,依据衍射特征鉴定晶体物相。采用 MDI Jade 6.0 软件对所得结果进行分析,确定样品最终物相组成和晶格特征。

2.3.6　微区形貌分析

采用 SEM-EDS 分析方法(SEM,Japanese electron JSM-6360LV 真空扫描电子显微镜;EDS,EDX-GENESISX X-ray spectrum of EDAX Co., USA)对样品微观形貌和局部元素分布情况进行分析检测。先将样品充分干燥后均匀破碎,然后将其均匀涂抹于导电胶带上。需对导电性能不好的样品进行喷金预处理,提高其导电性能,使拍摄的样品形貌更加清晰。

2.3.7　元素化学状态分析

采用 XPS 分析方法(XPS,Kratos Axis Ultra,Britain)对矿物表面元素化学状态进行分析检测。先将样品充分干燥后均匀破碎,然后将样品均匀平铺在双面胶上,用压片机压片,用洗耳球筛除未紧密固定的粉末,最后将所制薄片粘在样品台上进行分析检测。检测过程中 X 衍射线照到样品上电离放出光电子,通过能量分析器接收检测,记录不同能量的电子数目,进而利用不同元素原子中电子的特征结合能差异区分不同物质。

2.3.8　物料比表面积和孔径分析

采用自动比表面积和孔径分析仪(SSA,Quadrasorb SI)对矿物比表面积和孔径分布进行分析检测。在进行吸附分析前,需在高温和真空条件下去除吸附在固体样品表面的杂质。在吸附过程中,仪器可测得不同平衡状态下气压与气体的吸附量,得到一条等温线。利用固体表面对气体分子的吸附作用原理,结合 BET 等模拟理论进行计算分析,可得到物料的比表面积和孔径分布分析结果。

2.3.9　物料粒径分析

采用 PSD 湿法分析方法(Malvern Mastersizer 2000,America)对矿浆粒径分布情况进行分析。将所需检测物料和分散介质混合,采用超声发生器使样品充分分散。测量前需将体系颗粒浓度控制在测试范围内,设定所测样品光学参数后,开启循环泵对样品进行分析检测,测定样品 D_{90}、D_{50} 和 D_{10} 等数据值。测量结束后需充分清洗仪器管道和样品槽,避免样品残留在仪器中影响后续检测数据准确性。

2.4　实验数据分析方法

在酸性硫脲体系、碱性多硫化钠体系和碱性 EP-1 体系浸金实验中,采用式(2-2)计算金的浸出率。

$$\eta = \left(1 - \frac{m \times w}{m_0 \times w_0}\right) \times 100\% \qquad (2\text{-}2)$$

式中:η 代表金的浸出率,%;m_0 和 w_0 分别代表浸出前样品的质量(g)和金的含量(g/t);m 和 w 分别代表浸出后样品的质量(g)和金的含量(g/t)。

其他元素的浸出率计算方法如式(2-3)所示。

$$\eta = \left(1 - \frac{u \times i}{u_0 \times i_0}\right) \times 100\% \qquad (2\text{-}3)$$

式中:η 代表其他元素的浸出率,%;u_0 和 i_0 分别代表浸出前样品的质量(g)和目标元素的含量(%);u 和 i 分别代表浸出后样品的质量(g)和目标元素的含量(%)。

第3章 卡林型金精矿酸性加压氧化预处理研究

3.1 引言

贵州卡林型金精矿属于典型高砷高硫微细粒浸染型难处理金矿,绝大部分金被硫化物包裹,无法被有效浸出。卡林型金精矿成分多样,含有黄铁矿、砷黄铁矿、碳酸盐和硅酸盐等矿物,上述矿物理化性质均不相同。酸性加压氧化预处理过程中化学反应复杂,有必要开展卡林型金精矿酸性加压氧化预处理过程化学热力学研究,明确主要物相转变规律,厘清铁和硫等元素行为,为实验提供理论依据。

3.2 酸性加压氧化过程矿物行为基础理论分析

3.2.1 化学反应吉布斯自由能计算方法

酸性加压氧化预处理过程中,为了确定矿物在一定温度、压力条件下发生化学反应的难易程度,需要对该反应吉布斯自由能进行计算。在实际生产过程中,溶液中各物质浓度、压力、温度等对活度影响很大,高温条件下部分热力学数据缺失,直接由活度或者相关活度系数计算化学反应吉布斯自由能较困难,我们通常以计算得出的化学反应的标准自由能变化 $\Delta G^{\ominus}$ 来代替。

由热力学第一定律和第二定律可得吉布斯自由能计算式,如式(3-1)所示:

$$\Delta G_T^{\ominus} = \Delta H_T^{\ominus} - T\Delta S_T^{\ominus} \tag{3-1}$$

由基尔戈夫公式(3-2)可知:

$$\frac{\mathrm{d}\Delta H}{\mathrm{d}T} = \Delta C_p \tag{3-2}$$

化简可得式(3-3):

$$\Delta H_T^{\ominus} = \Delta H_{298}^{\ominus} + \int_{298}^{T} \Delta C_p \mathrm{d}T \tag{3-3}$$

由反应熵公式(3-4)可知:

$$\mathrm{d}\Delta S_T^{\ominus} = \frac{\Delta C_p}{T}\mathrm{d}T \tag{3-4}$$

化简计算可得式(3-5)：

$$\Delta G_T^{\ominus} = \Delta H_{298}^{\ominus} - T\Delta S_{298}^{\ominus} + \int_{298}^{T}\Delta C_p \mathrm{d}T - \int_{298}^{T}\frac{\Delta C_p}{T}\mathrm{d}T \tag{3-5}$$

式(3-5)中的 C_p 为反应物质的恒压热熔，如式(3-6)所示：

$$C_p = A_1 + A_2 \times 10^{-3}T + A_3 \times 10^{5}T^{-2} + A_4 \times 10^{-6}T^{2} + A_5 \times 10^{8}T^{-3} \tag{3-6}$$

由此推断可得式(3-7)：

$$\Delta C_p = \Delta A_1 + \Delta A_2 \times 10^{-3}T + \Delta A_3 \times 10^{5}T^{-2} + \Delta A_4 \times 10^{-6}T^{2} + \Delta A_5 \times 10^{8}T^{-3} \tag{3-7}$$

代入方程式(3-5)可得式(3-8)：

$$\Delta H_T^{\ominus} = \Delta A_1 T + \frac{1}{2}\Delta A_2 \times 10^{-3}T^{2} - \Delta A_3 \times 10^{5}T^{-1} +$$

$$\frac{1}{3}\Delta A_4 \times 10^{6}T^{3} - \frac{1}{2}\Delta A_5 \times 10^{8}T^{-2} + A_6 \tag{3-8}$$

式(3-8)中的 A_6 具体如式(3-9)所示：

$$A_6 = \Delta H_{298}^{\ominus} - \Delta A_1 T + \frac{1}{2}\Delta A_2 \times 10^{-3}T^{2} - \Delta A_3 \times 10^{5}T^{-1} +$$

$$\frac{1}{3}\Delta A_4 \times 10^{6}T^{3} - \frac{1}{2}\Delta A_5 \times 10^{8}T^{-2} \tag{3-9}$$

查阅相关热力学数据文献，代入上式中，可算得化学反应的 ΔC_p 和 $\Delta H_T^{\ominus}$。计算所得数据代入下式(3-10)中：

$$\Delta G_T^{\ominus}(\text{反应}) = \sum \Delta G_T^{\ominus}(\text{生成物}) - \sum \Delta G_T^{\ominus}(\text{反应物}) \tag{3-10}$$

由式(3-10)可计算出每个反应的标准吉布斯自由能变化值 $\Delta G_T^{\ominus}$。该计算过程较为复杂，在实际计算过程中公式后几项数值都较小，可近似计算。假设热熔差 $\Delta C_p = 0$，化简计算可得式(3-11)：

$$\Delta G_T^{\ominus} = \Delta H_{298}^{\ominus} - T\Delta S_{298}^{\ominus} \tag{3-11}$$

其中基础数据 $\Delta H_{298}^{\ominus}$ 和 $\Delta S_{298}^{\ominus}$ 均可以查阅热力学相关文献得知。对于大多数反应来说，反应温度上升至 500 K 时，该公式得到的近似计算结果误差较小，在可接受范围之内。

上述公式仅仅适用于物质无相变发生的情况，若反应过程中有相变发生，则计算式应该改为式(3-12)：

$$\Delta G_T^{\ominus} = \left(\Delta H_{298}^{\ominus} \pm \sum \Delta H_{\text{相变}}^{\ominus}\right) - T\left(\Delta S_{298}^{\ominus} \pm \sum \frac{\Delta H_{\text{相变}}^{\ominus}}{T_{\text{相变}}^{\ominus}}\right) \tag{3-12}$$

如果该化学反应中反应物发生了相变,式(3-12)中应使用负号;若生成物发生了相变,式(3-12)中应使用正号。

3.2.2 化学反应平衡常数计算方法

平衡常数大小多用来衡量反应进行的程度,一般认为 $K>10^5$ 反应较为完全,为不可逆反应。在化学反应中,有固体参加反应时,一般设定固体为常数。

相关化学反应式如下所示:

$$mA + nB = pC + qD \tag{3-13}$$

当其达到化学反应平衡时,平衡常数计算式如式(3-14)所示:

$$K = \frac{C_C^p \cdot C_D^q}{C_A^m \cdot C_B^n} \tag{3-14}$$

由热力学定律可知,平衡常数与温度紧密相关。由等温方程 $\Delta G_T^\ominus = -RT\ln K$ 可计算出浸出反应不同反应温度时的平衡常数。

3.2.3 砷黄铁矿热力学行为分析

砷黄铁矿主要成分为 FeAsS,在酸性加压氧化预处理工艺中,主要化学反应方程式如式(3-15)和式(3-16)所示:

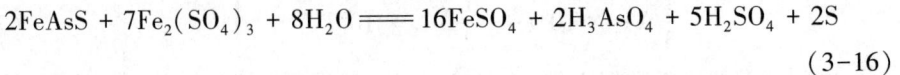

$$4FeAsS + 7O_2 + 4H_2SO_4 + 2H_2O === 4H_3AsO_4 + 4FeSO_4 + 4S \tag{3-15}$$

$$2FeAsS + 7Fe_2(SO_4)_3 + 8H_2O === 16FeSO_4 + 2H_3AsO_4 + 5H_2SO_4 + 2S \tag{3-16}$$

砷黄铁矿氧化还原电位较低,较易氧化分解。在升温过程中,部分砷黄铁矿开始反应,反应生成的元素硫未达到氧化温度时,部分熔融的元素硫会捕集未反应的矿物,并形成一层致密薄膜包裹在矿物表面,阻碍载金硫化矿物的进一步氧化,这不利于金的浸出。当温度持续升高,元素硫最终被氧化生成硫酸根离子形式,二价铁和三价砷最终被氧化生成三价铁和砷酸盐,这个过程中的主要化学反应方程式如式(1-10)、式(1-14)、式(3-17)至式(3-19)所示:

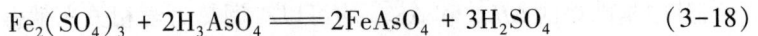

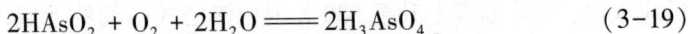

$$2S + 3O_2 + 2H_2O === 2H_2SO_4 \tag{3-17}$$

$$Fe_2(SO_4)_3 + 2H_3AsO_4 === 2FeAsO_4 + 3H_2SO_4 \tag{3-18}$$

$$2HAsO_2 + O_2 + 2H_2O === 2H_3AsO_4 \tag{3-19}$$

上述反应式合并可得毒砂常用反应式如(3-20)所示:

$$2FeAsS + 7O_2 + H_2SO_4 + 2H_2O === Fe_2(SO_4)_3 + 2H_3AsO_4 \tag{3-20}$$

查阅热力学数据手册,计算可得式(3-21):

$$\Delta_r G_m^\ominus = 1.34T - 2932.8 \tag{3-21}$$

由吉布斯自由能与平衡常数关系式计算可知:

$$\Delta_r G_m^{\ominus} = -2.303RT\lg K \tag{3-22}$$

代入换算可得式(3-23)和式(3-24)：

$$0.47T - 475.98 = -2.303RT\lg K \tag{3-23}$$

$$\lg K = \frac{(1.34T - 2932.8)}{-19.15T} \tag{3-24}$$

　　该反应温度与平衡常数和
$\Delta G^{\ominus}$ 的变化关系如图 3-1 所
示。由图 3-1 可知，随着体系
温度升高，该反应 $\Delta G^{\ominus}$ 变化数
值逐渐升高，但增加幅度小。
该反应平衡常数随着温度上升
而逐渐减小，但数值远大于
10^5，理论上表明该反应较易
进行。

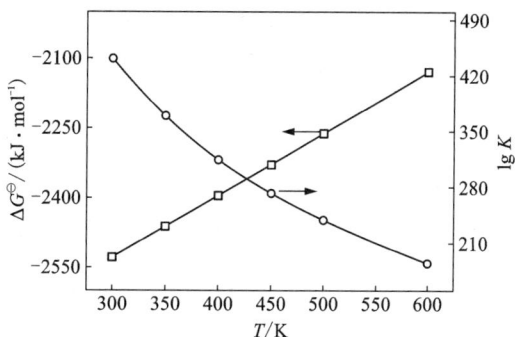

图 3-1　砷黄铁矿氧化反应 $\Delta G^{\ominus}$ 和
反应平衡常数随温度变化关系

3.2.4　黄铁矿热力学行为分析

　　贵州卡林型金精矿中黄铁矿是主要的载金硫化矿物，需进一步明确黄铁矿在
酸性加压氧化预处理过程中热力学行为。酸性高温高压条件下，黄铁矿被氧化生
成硫酸铁，其反应方程式如式(3-25)所示：

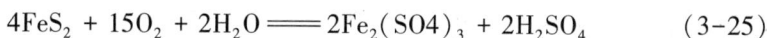

$$4FeS_2 + 15O_2 + 2H_2O \Longrightarrow 2Fe_2(SO4)_3 + 2H_2SO_4 \tag{3-25}$$

查阅热力学数据手册，计算可得式(3-26)：

$$\Delta_r G_m^{\ominus} = 1.24T - 2767.3 \tag{3-26}$$

将由吉布斯自由能与平衡常数关系式代入换算可得式(3-27)和式(3-28)：

$$1.24T - 2767.3 = -2.303RT\lg K \tag{3-27}$$

$$\lg K = \frac{(1.24T - 2767.3)}{-19.15T} \tag{3-28}$$

　　该反应温度与平衡常数
和 $\Delta G^{\ominus}$ 变化关系如图 3-2 所
示。由图 3-2 可知，当温度
为 300 K 时，该反应 $\Delta G^{\ominus}$
为-2770.4 kJ/mol；当温度
为 500 K 时，该反应 $\Delta G^{\ominus}$
为-2766.8 kJ/mol。随着温
度的升高，该反应 $\Delta G^{\ominus}$ 变化
数值逐渐升高，但增加幅度

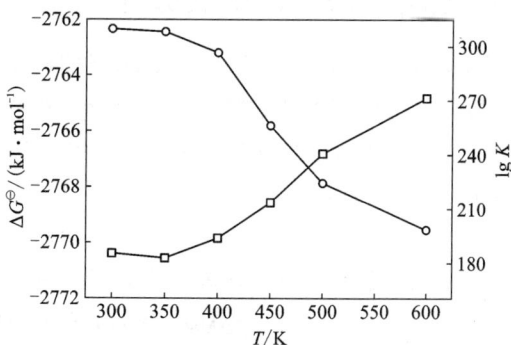

图 3-2　黄铁矿氧化反应 $\Delta G^{\ominus}$ 和反应
平衡常数随温度变化关系

小。该反应平衡常数数值远大于 10^5，理论上表明该反应较易进行。

3.2.5 褐铁矿热力学行为分析

褐铁矿主要成分为水合氧化铁，主要化学成分为 FeOOH，晶体为六方晶系。褐铁矿酸溶过程中的主要反应方程式如式(3-29)所示：

$$2FeOOH + 3H_2SO_4 \Longrightarrow Fe_2(SO_4)_3 + 4H_2O \tag{3-29}$$

由方程吉布斯自由能变化式，查阅兰氏化学手册热力学数据，计算可得式(3-30)：

$$\Delta_r G_m^\ominus = 110.47 - 0.513T \tag{3-30}$$

将吉布斯自由能与平衡常数关系式代入换算可得式(3-31)和式(3-32)：

$$110.47 - 0.513T = -2.303RT \lg K \tag{3-31}$$

$$\lg K = \frac{(110.47 - 0.513T)}{-19.15T} \tag{3-32}$$

该反应温度与平衡常数和 $\Delta G^\ominus$ 变化关系如图 3-3 所示。

由图 3-3 可以看出，当反应温度为 298 K 时，该反应 $\Delta G^\ominus$ 为 -43.43 kJ/mol；当反应温度升高至 498 K 时，该反应 $\Delta G^\ominus$ 为 -146.03 kJ/mol。随着温度升高，褐铁矿溶解反应 $\Delta G^\ominus$ 减小。褐铁矿酸溶过程属于吸热反应，高温条件下有利于褐铁矿的溶解。

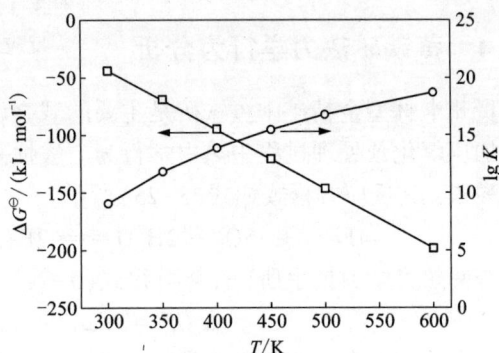

图3-3 褐铁矿复分解反应 $\Delta G^\ominus$ 和反应平衡常数随温度变化关系

3.2.6 碳酸盐矿热力学行为分析

碳酸盐矿主要成分为白云石 $[CaMg(CO_3)_2]$。在酸性加压氧化预处理过程中，一般会对卡林型金精矿进行酸洗处理。在酸洗过程中，大部分碳酸盐会与稀硫酸发生反应，生成二氧化碳、微溶硫酸钙和硫酸镁。这个过程中的化学反应方程式如式(3-33)所示：

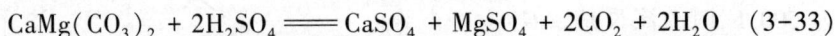

$$CaMg(CO_3)_2 + 2H_2SO_4 \Longrightarrow CaSO_4 + MgSO_4 + 2CO_2 + 2H_2O \tag{3-33}$$

查阅热力学数据手册，计算可得式(3-34)：

$$\Delta_r G_m^\ominus = 157.6 - 0.64T \tag{3-34}$$

将吉布斯自由能与平衡常数关系式代入换算可得式(3-35)和式(3-36)：

$$157.6 - 0.64T = -2.303RT\lg K \tag{3-35}$$

$$\lg K = \frac{(157.6 - 0.64T)}{-19.15T} \tag{3-36}$$

该反应温度与平衡常数和 $\Delta G^{\ominus}$ 变化关系如图 3-4 所示。

由图 3-4 可知，随着反应温度升高，碳酸盐酸溶平衡常数增大，$\Delta G^{\ominus}$ 减小。当反应温度为 298 K 时，该反应 $\Delta G^{\ominus}$ 为 -33.12 kJ/mol；当反应温度升高至 498 K 时，该反应 $\Delta G^{\ominus}$ 为 -161.12 kJ/mol。碳酸盐酸溶属于吸热反应，升高温度对碳酸盐的酸溶有促进作用。

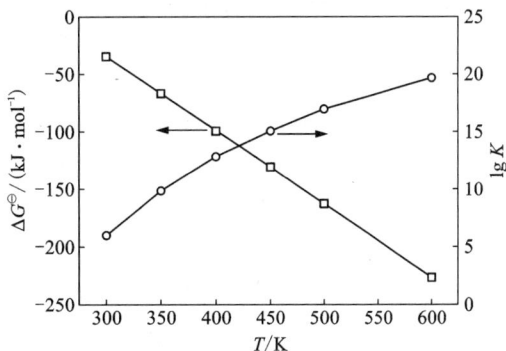

图 3-4　碳酸盐矿复分解反应 $\Delta G^{\ominus}$ 和反应平衡常数随温度变化关系

3.2.7　方铅矿热力学行为分析

方铅矿主要成分为硫化铅(PbS)。在酸性加压氧化预处理工艺中硫化铅与硫酸会发生反应，化学反应方程式如式(3-37)和式(3-38)所示：

$$2PbS + 2H_2SO_4 + O_2 === 2PbSO_4 + 2H_2O + 2S \tag{3-37}$$

$$2S + 3O_2 + 2H_2O === 2H_2SO_4 \tag{3-38}$$

查阅热力学数据手册，计算可得式(3-39)：

$$\Delta_r G_m^{\ominus} = 0.47T - 475.98 \tag{3-39}$$

将吉布斯自由能与平衡常数关系式代入换算可得式(3-40)和式(3-41)：

$$0.47T - 475.98 = -2.303RT\lg K \tag{3-40}$$

$$\lg K = \frac{(0.47T - 475.98)}{-19.15T} \tag{3-41}$$

该反应温度与平衡常数和 $\Delta G^{\ominus}$ 变化关系如图 3-5 所示。

由图 3-5 可知，硫化铅氧化反应 $\Delta G^{\ominus}$ 随着体系温度的上升而逐渐增大，平衡常数逐渐变小，但该反应为放热反应，升高温度不利于反应的进行。当体系温度为 498 K 时，反应 $\Delta G^{\ominus}$ 为 -249.98 kJ/mol，平衡常数依然大于 10^5，理论上确

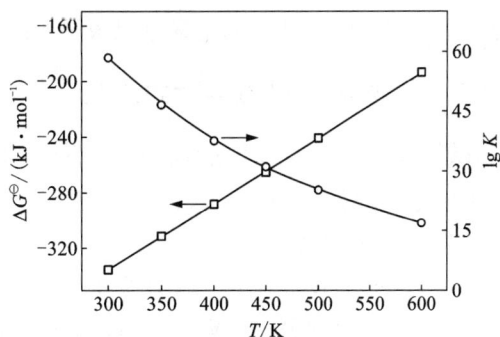

图 3-5　方铅矿氧化反应 $\Delta G^{\ominus}$ 和反应平衡常数随温度变化关系

定了该温度下较易发生化学反应。

3.2.8 闪锌矿热力学行为分析

闪锌矿主要成分为硫化锌(ZnS)。在酸性加压氧化预处理工艺中硫化锌与硫酸会发生反应,硫化锌中负二价硫元素被氧化成元素硫,化学反应方程式如式(3-42)和式(3-43)所示:

$$2ZnS + 2H_2SO_4 + O_2 \rightleftharpoons 2ZnSO_4 + 2H_2O + 2S \quad (3-42)$$

$$2S + 3O_2 + 2H_2O \rightleftharpoons 2H_2SO_4 \quad (3-43)$$

查阅热力学数据手册,计算可得式(3-44):

$$\Delta_r G_m^{\ominus} = 0.45T - 550.2 \quad (3-44)$$

将吉布斯自由能与平衡常数关系式代入换算可得式(3-45)和式(3-46):

$$0.45T - 550.2 = -2.303RT \lg K \quad (3-45)$$

$$\lg K = \frac{(0.45T - 550.2)}{-19.15T} \quad (3-46)$$

由图 3-6 可知,硫化锌氧化反应 $\Delta G^{\ominus}$ 随着体系温度上升而逐渐增大,平衡常数逐渐变小,但该反应为放热反应,升高温度不利于反应的进行。当体系温度为 298 K 时,反应 $\Delta G^{\ominus}$ 为 -415.2 kJ/mol;当体系温度为 498 K 时,反应 $\Delta G^{\ominus}$ 为 -325.2 kJ/mol,平衡常数依然远大于 10^5,理论上表明该条件下较易发生化学反应。在酸性加压氧化

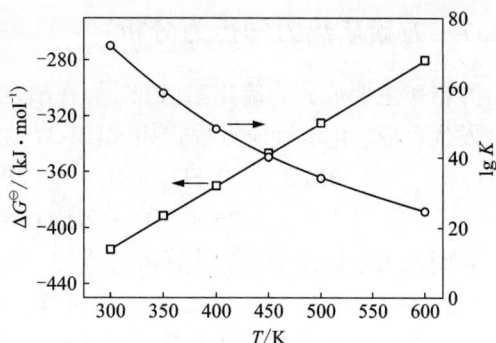

图 3-6　闪锌矿氧化反应 $\Delta G^{\ominus}$ 和
反应平衡常数随温度变化关系

预处理过程中,氧气含量充足,锌离子进入溶液。元素硫的氧化与加压氧化工艺息息相关,在氧气充足、高温高电位条件下,元素硫最终将被氧化生成硫酸根离子。

3.2.9 不同矿相热力学行为对比

酸性加压氧化预处理过程中,黄铁矿(FeS_2)、针铁矿($FeOOH$)、砷黄铁矿($FeAsS$)、碳酸盐$[CaMg(CO_3)_2]$、方铅矿(PbS)、闪锌矿(ZnS)化学反应平衡常数随温度变化的关系如图 3-7 所示。

由图 3-7 中的热力学分析结果可知,黄铁矿(FeS_2)、针铁矿($FeOOH$)、砷黄铁矿($FeAsS$)、碳酸盐$[CaMg(CO_3)_2]$、方铅矿(PbS)、闪锌矿(ZnS)的化学反应平衡常数均大于 10^5,理论上表明上述矿物化学反应均可发生且较为完全。

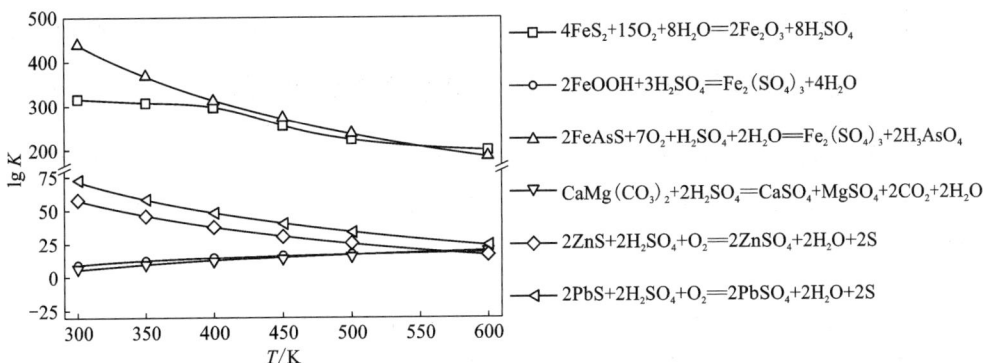

图 3-7　不同矿物化学反应平衡常数随温度变化的关系

3.3　酸性加压氧化过程 Eh-pH 图

3.3.1　Eh-pH 图的绘制方法

湿法冶金反应过程可用通式(3-47)表示：

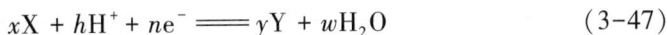

$$xX + hH^+ + ne^- \Longrightarrow yY + wH_2O \tag{3-47}$$

反应的吉布斯自由能变化可用式(3-48)表示：

$$\Delta_r G = \Delta_r G^\ominus + RT\ln\left[(a_Y^y \cdot a_{H_2O}^w)/(a_X^x \cdot a_{H^+}^h)\right] \tag{3-48}$$

依据吉布斯自由能与电位之间关系 $\Delta_r G = -nFE$，式(3-48)可由式(3-49)表示：

$$nFE = -\Delta_r G^\ominus - 2.303RT\lg(a_Y^y/a_X^x) - 2.303RTh\mathrm{pH} \tag{3-49}$$

在湿法冶金过程中，依据金属-水系可能发生反应的类型，式(3-49)可以表示成以下三种形式：

(1) $n=0$，即无电子得失的水解-中和反应。反应与电位无关，只与 pH 有关，电位表达式如下：

$$\mathrm{pH} = -\Delta_r G^\ominus /(2.303RTh) - (1/h) \cdot \lg(a_Y^y/a_X^x) \tag{3-50}$$

(2) $h=0$，即有电子得失的氧化-还原反应。反应与 pH 无关，只与得失电子有关，电位表达式如下：

$$E = E^0 - (2.303RT/nF) \cdot \lg(a_Y^y/a_X^x) \tag{3-51}$$

(3) 氧化还原与水解中和共存反应，电位表达式如下：

$$E = E^0 - (2.303RT/nF) \cdot \lg(a_Y^y/a_X^x) - (2.303RTh/nF) \cdot \lg(a_Y^y/a_X^z) \tag{3-52}$$

基于上述三类反应的电位及 pH 的计算方法，$\Delta_r G^\ominus = \sum \Delta_f G^\ominus_{生成物} - \sum \Delta_f G^\ominus_{反应物}$，代入特定体系各反应的 $\Delta_r G^\ominus$ 值并绘制在图上，即可得到该体系下的 Eh-pH 图。

3.3.2 S-H₂O 体系 298 K 和 498 K 条件下 Eh-pH 图

在采用湿法浸出含硫物料过程中，硫的存在形式有 S、SO_4^{2-}、HSO_4^- 和 H_2S，上述物质之间相互保持平衡。查询热力学数据手册可知，S-H₂O 体系涉及的主要化学反应方程式如表 3-1 所示。

表 3-1　S-H₂O 体系主要化学反应方程式

编号	化学反应方程式
a	$O_2 + 4H^+ + 4e^- = 2H_2O$
b	$2H^+ + 2e^- = H_2$
1	$SO_4^{2-} + 8H^+ + 6e^- = S + 4H_2O$
2	$HSO_4^- + 7H^+ + 6e^- = S + 4H_2O$
3	$SO_4^{2-} + H^+ = HSO_4^-$
4	$S + 2H^+ + 2e^- = H_2S$

依据式(3-50)至式(3-52)的计算方法，设定体系离子总浓度为 1 mol/L，利用 FactSage 7.1 热力学软件，计算并绘制了 pH 在 -2～6 时 298 K 条件下 S-H₂O 体系的 Eh-pH 图，如图 3-8 所示。

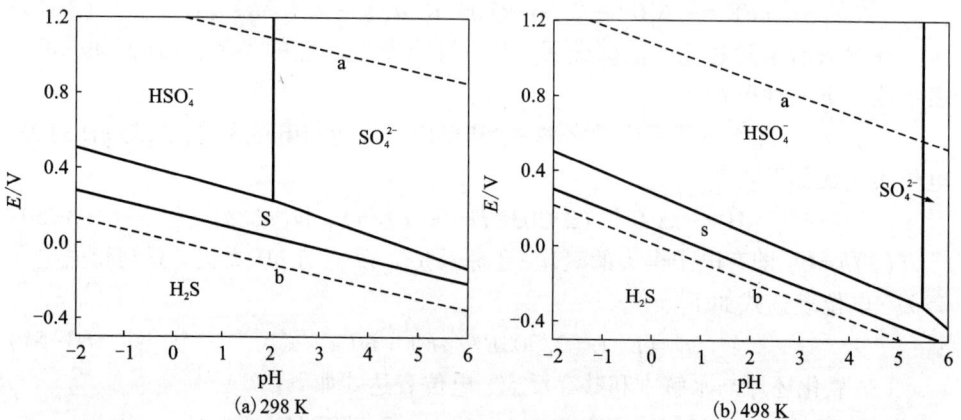

图 3-8　S-H₂O 体系 Eh-pH 图

由图 3-8 可知，在 298 K 和 498 K 条件下水的稳定区域中存在 S、SO_4^{2-} 和 HSO_4^- 等组分，当体系电位较低时易生成 H_2S。随着体系电位的提高，将会有元素硫生成，且元素硫易附着在金的表面，阻碍金的浸出。进一步提高体系电位，硫元素可被氧化生成 SO_4^{2-} 和 HSO_4^- 等离子。在酸性加压氧化预处理过程中，提高氧化还原电位有利于黄铁矿等硫化矿的氧化分解。对比 S-H_2O 体系 298K 和 498K 条件下的 Eh-pH 图可知，高温条件下，HSO_4^- 稳定区明显增大，SO_4^{2-} 稳定区明显减小，表明高温条件下有利于 HSO_4^- 的生成。

3.3.3　As-H_2O 体系 298 K 和 498 K 条件下 Eh-pH 图

在湿法浸出含砷物料过程中，砷的存在形式有 H_3AsO_4、$H_2AsO_4^-$、H_3AsO_3 和 As，上述物质之间相互保持平衡。查询热力学数据手册可知，As-H_2O 体系涉及的主要化学反应方程式如表 3-2 所示。

表 3-2　As-H_2O 体系主要化学反应方程式

编号	化学反应方程式
a	$O_2+4H^++4e^-\!\!=\!\!=\!\!2H_2O$
b	$2H^++2e^-\!\!=\!\!=\!\!H_2$
1	$H_2AsO_4^-+H^+\!\!=\!\!=\!\!H_3AsO_4$
2	$H_2AsO_4^-+3H^++2e^-\!\!=\!\!=\!\!H_3AsO_3+H_2O$
3	$H_3AsO_3+3H^++3e^-\!\!=\!\!=\!\!As+3H_2O$
4	$H_3AsO_4+2H^++2e^-\!\!=\!\!=\!\!H_3AsO_3+H_2O$

依据式(3-50)至式(3-52)的计算方法，设定体系离子总浓度为 1 mol/L，利用 FactSage 7.1 热力学软件，计算绘制了 pH 在-2~6 时 298 K 条件下 As-H_2O 体系的 Eh-pH 图，如图 3-9 所示。

由图 3-9 可知，在 298 K 和 498 K 条件下体系中砷的价态有 0 价、+3 价和 +5 价三种价态，而且在水的稳定区间里，As、H_3AsO_4、H_3AsO_3 和 $H_2AsO_4^-$ 均能稳定存在。当体系氧化电位较低时，可生成单质 As，但单质 As 不稳定。随着体系电位进一步升高，砷可以 H_3AsO_3 和 H_3AsO_4 形式存在。在高电位条件下，当 pH 较低时，砷以 H_3AsO_4 形式稳定存在。对比 As-H_2O 体系 298 K 和 498 K 条件下的 Eh-pH 图可知，高温条件下，H_3AsO_4 稳定区明显增大，$H_2AsO_4^-$ 稳定区明显减小，表明高温条件下有利于 H_3AsO_4 的生成。高温条件下 As 稳定区减小，表明高

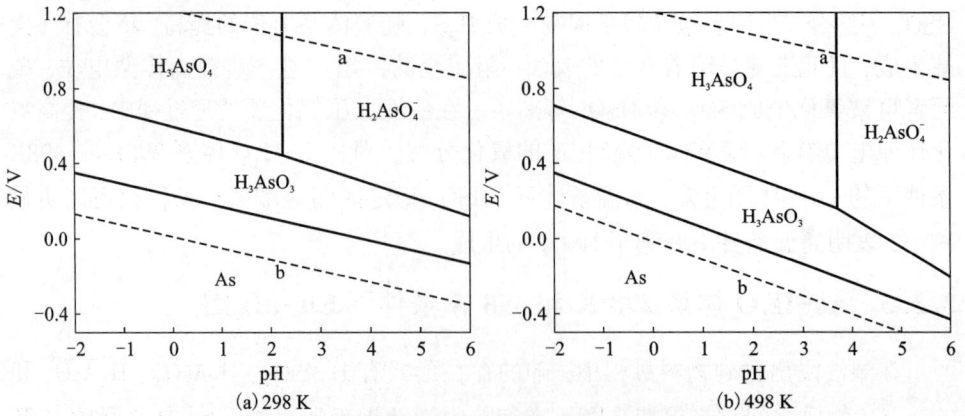

图 3-9　As-H_2O 体系 Eh-pH 图

温条件不利于 As 生成。

3.3.4　Fe-S-H_2O 体系 298 K 条件下 Eh-pH 图

在采用湿法浸出硫铁矿过程中，查询热力学数据手册可知，Fe-S-H_2O 体系涉及的主要化学反应方程式如表 3-3 所示。

表 3-3　Fe-S-H_2O 体系主要化学反应方程式

编号	化学反应方程式
a	$O_2+4H^++4e^-\!\!=\!\!=2H_2O$
b	$2H^++2e^-\!\!=\!\!=H_2$
1	$SO_4^{2-}+8H^++6e^-\!\!=\!\!=S+4H_2O$
2	$SO_4^{2-}+8H^++6e^-\!\!=\!\!=S+4H_2O$
3	$SO_4^{2-}+H^+\!\!=\!\!=HSO_4^-$
4	$S+2H^++2e^-\!\!=\!\!=H_2S$
5	$SO_4^{2-}+8H^++8e^-\!\!=\!\!=S^{2-}+4H_2O$
6	$Fe_2O_3+6H^+\!\!=\!\!=2Fe^{3+}+3H_2O$
7	$Fe_2O_3+6H^++2e^-\!\!=\!\!=2Fe^{2+}+3H_2O$
8	$Fe_2O_3+4SO_4^{2-}+38H^++30e^-\!\!=\!\!=2FeS_2+19H_2O$

续表3-3

编号	化学反应方程式
9	$Fe^{2+}+2e^-\!\!=\!\!=Fe$
10	$Fe^{3+}+e^-\!\!=\!\!=Fe^{2+}$
11	$Fe_3O_4+6SO_4^{2-}+56H^++44e^-\!\!=\!\!=3FeS_2+28H_2O$
12	$Fe_2O_3+4HSO_4^-+34H^++30e^-\!\!=\!\!=2FeS_2+19H_2O$
13	$FeS+2H^++2e^-\!\!=\!\!=Fe+H_2S$
14	$FeS_2+4H^++2e^-\!\!=\!\!=Fe^{2+}+2H_2S$
15	$FeS+2e^-\!\!=\!\!=Fe+S^{2-}$
16	$Fe^{2+}+2SO_4^{2-}+16H^++14e^-\!\!=\!\!=FeS_2+8H_2O$
17	$FeS+2H^+\!\!=\!\!=Fe^{2+}+H_2S$
18	$Fe^{2+}+2HSO_4^-+14H^++14e^-\!\!=\!\!=FeS_2+8H_2O$
19	$3FeS_2+4H_2O+4e^-\!\!=\!\!=6HS^-+Fe_3O_4+2H^+$
20	$Fe^{2+}+2S+2e^-\!\!=\!\!=FeS_2$
21	$FeS_2+2H^++2e^-\!\!=\!\!=FeS+H_2S$
22	$FeS_2+2e^-\!\!=\!\!=FeS+S^{2-}$

卡林型金精矿中硫和铁摩尔比 $C_{(S)}/C_{(Fe)}$ 约 1.65，硫与硫铁摩尔比 $C_{(S)}/C_{(Fe+S)}$ 约 0.62。假定酸性加压氧化过程中液固比 L/S 为 4，计算可知体系硫铁离子总浓度约 3 mol/L。依据式(3-50)至式(3-52)的计算方法，设定体系硫铁离子摩尔比区间为 $0.6<C_{(S)}/C_{(Fe+S)}<0.667$，离子总浓度为 3 mol/L，利用 FactSage 7.1 热力学软件计算绘制 pH 在 −2 ~ 6 时 298 K 条件下 Fe-S-H$_2$O 的 Eh-pH 图，如图 3-10 所示。

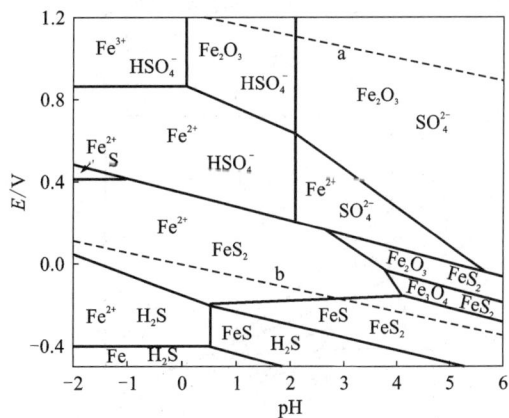

图 3-10　298 K 条件下 Fe-S-H$_2$O 体系 Eh-pH 图（$0.6<C_{(S)}/C_{(Fe+S)}<0.667$）

由图 3-10 可知，当 pH 为 -2~6 时，在水的稳定区间内，FeS_2、Fe^{2+}、Fe^{3+}、Fe_2O_3、SO_4^{2-}、HSO_4^-、S 等物质均能稳定存在。pH 升高，FeS_2 氧化电位降低，表明升高 pH 有利于 FeS_2 的氧化。随着电位升高，铁可被氧化成 +3 价，当 pH 低于 0 时，Fe^{3+} 稳定存在于水溶液中。在高电位条件下继续增加 pH，铁以 Fe_2O_3 的形式存在。当 pH 极低且电位接近 0.4 V 时，会出现元素硫的稳定区，但该区域较小。元素硫易包裹在矿物表面，阻碍金与浸金剂接触，不利于金的高效提取。为了减少元素硫的生成，应控制体系较高氧化还原电位值，促使硫转化生成 SO_4^{2-} 和 HSO_4^-。

3.3.5 Fe-S-H₂O 体系 498 K 条件下不同 $C_{(S)}/C_{(Fe+S)}$ 区间 Eh-pH 图

卡林型金精矿酸性加压氧化预处理过程中温度超过 200℃，假定体系硫铁离子总浓度为 3 mol/L，压强 2 MPa，利用 FactSage 7.1 热力学软件，计算并绘制了 Fe-S-H₂O 体系 225℃（498 K）条件下不同硫铁摩尔比[$C_{(S)}/C_{(Fe+S)}$] 的 Eh-pH 图，如图 3-11 所示。

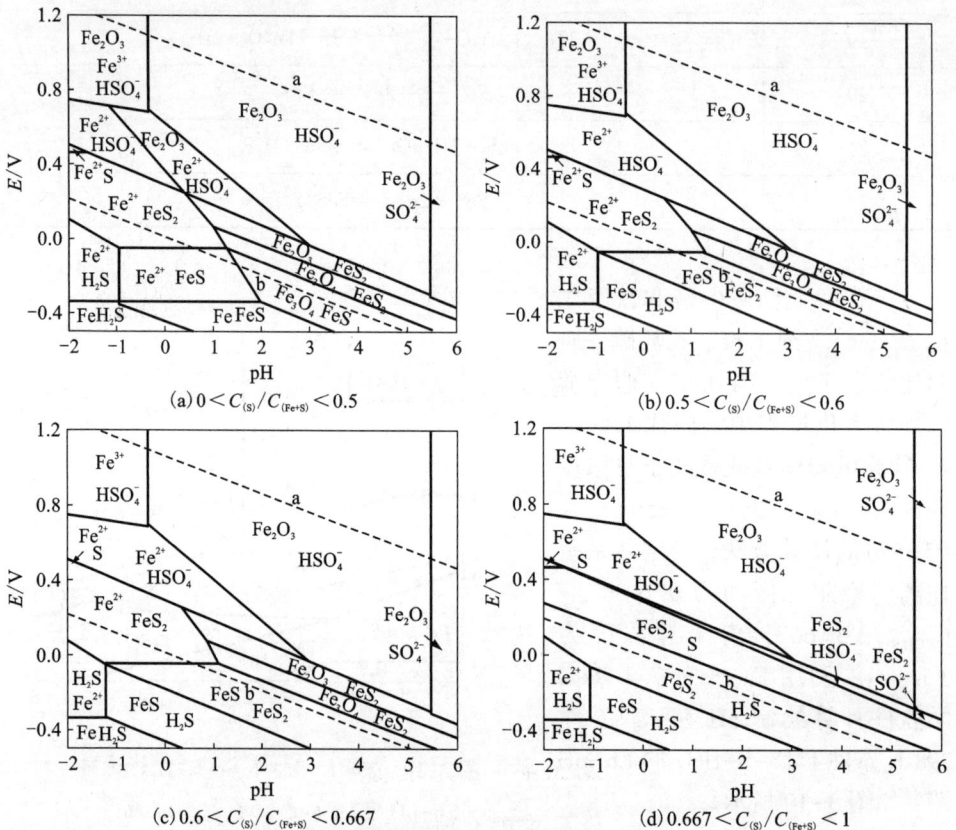

图 3-11 498 K 条件下 Fe-S-H₂O 体系 Eh-pH 图

图 3-10 和图 3-11(c)分别为 Fe-S-H$_2$O 体系 298 K 和 498 K 条件下的 Eh-pH 图,体系硫铁离子摩尔比区间均为 $0.6<C_{(S)}/C_{(Fe+S)}<0.667$。对比图 3-10 和图 3-11(c)可知,当温度由 298 K 升高至 498 K 时,FeS$_2$、Fe^{2+}、Fe^{3+}、SO$_4^{2-}$、HSO$_4^-$、S 等物质均能在水的稳定区间存在。当体系电位一定时,元素硫和 FeS$_2$ 稳定区间减小,表明升高温度有利于元素硫和 FeS$_2$ 的氧化。若升高温度,Fe^{2+} 氧化生成 Fe^{3+} 所需氧化电位数值降低,表明高温条件下有利于 Fe^{2+} 的氧化。

图 3-11 为 Fe-S-H$_2$O 体系 225℃(498 K)条件下不同硫铁摩尔比的 Eh-pH 图,$C_{(S)}/C_{(Fe+S)}$ 值越大表明体系硫含量越高。由图 3-11 可知,当体系 $C_{(S)}/C_{(Fe+S)}$ 值为 $0<C_{(S)}/C_{(Fe+S)}<0.6$ 时,Fe$_2$O$_3$ 与 Fe^{3+} 存在稳定区间重叠区域,表明此条件下部分硫酸铁水解生成 Fe$_2$O$_3$;当体系 $C_{(S)}/C_{(Fe+S)}$ 值由 $0<C_{(S)}/C_{(Fe+S)}<0.5$ 上升至 $0.6<C_{(S)}/C_{(Fe+S)}<1$ 时,提高酸度和电位,铁和硫最终以 Fe^{3+} 和 HSO$_4^-$ 形式存在;当体系 $C_{(S)}/C_{(Fe+S)}$ 值由 $0<C_{(S)}/C_{(Fe+S)}<0.5$ 上升至 $0.667<C_{(S)}/C_{(Fe+S)}<1$ 时,FeS$_2$ 稳定区间逐渐增大;当体系 $C_{(S)}/C_{(Fe+S)}$ 值由 $0.6<C_{(S)}/C_{(Fe+S)}<0.667$ 上升至 $0.667<C_{(S)}/C_{(Fe+S)}<1$ 时,元素硫稳定区间增大。为实现 FeS$_2$ 的充分氧化分解,应减少氧压渣中元素硫残留,在提高酸性加压氧化反应温度同时,还应依据体系 $C_{(S)}/C_{(Fe+S)}$ 值大小合理控制氧化还原电位,以确保 FeS$_2$ 和元素硫的充分氧化。

3.4　酸性加压氧化过程铁行为解析

由图 2-1 中卡林型金精矿 XRD 物相分析结果可知,卡林型金精矿中含铁物相为黄铁矿、砷黄铁矿和褐铁矿。褐铁矿中铁以 +3 价形式存在,酸性加压氧化过程中可与硫酸反应生成硫酸铁。由 3.2.3 小节和 3.2.4 小节中对砷黄铁矿和黄铁矿热力学行为分析可知,酸性加压氧化过程中控制适宜电位和酸度时,砷黄铁矿和黄铁矿均可氧化生成硫酸铁。

在酸性加压氧化过程中,硫酸铁可水解生成赤铁矿。反应方程式如式(3-53)所示:

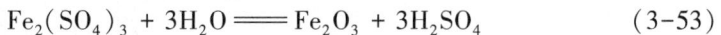

$$Fe_2(SO_4)_3 + 3H_2O \Longrightarrow Fe_2O_3 + 3H_2SO_4 \qquad (3-53)$$

Posnjak E 和 Merwin H E 研究指出,当温度高于 120℃时,体系开始生成赤铁矿,随着温度逐渐升高,体系赤铁矿含量越来越多;当温度为 200℃时,赤铁矿稳定存在的硫酸临界浓度值不高于 59.6 g/L。

在酸性加压氧化过程中,硫酸铁可与碱金属离子反应生成较难分解的化合物 AFe$_3$(SO$_4$)$_2$(OH)$_6$。反应方程式如式(3-54)至式(3-56)所示:

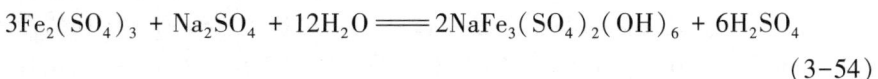

$$3Fe_2(SO_4)_3 + Na_2SO_4 + 12H_2O \Longrightarrow 2NaFe_3(SO_4)_2(OH)_6 + 6H_2SO_4$$

$$(3-54)$$

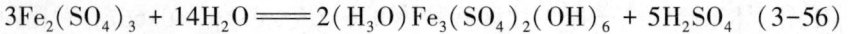

$$3Fe_2(SO_4)_3 + K_2SO_4 + 12H_2O \Longrightarrow 2KFe_3(SO_4)_2(OH)_6 + 6H_2SO_4 \quad (3-55)$$

$$3Fe_2(SO_4)_3 + 14H_2O \Longrightarrow 2(H_3O)Fe_3(SO_4)_2(OH)_6 + 5H_2SO_4 \quad (3-56)$$

化学式中的 A 代表阳离子，常见的阳离子有 H_3O^+、K^+、Na^+、Pb^+、Ti^+、Li^+、Ag^+。离子半径的大小对铁矾的生成有重要影响，半径接近或大于 100 pm 的离子可与 Fe^{3+} 反应生成铁矾。当铁离子浓度和阳离子 A 的数量大于 3:1 时，即可生成铁矾。酸性加压氧化过程中，硫酸铁与 K^+、Na^+ 和 H_3O^+ 生成 $KFe_3(SO_4)_2(OH)_6$、$NaFe_3(SO_4)_2(OH)_6$ 和 $(H_3O)Fe_3(SO_4)_2(OH)_6$。三者总分子质量分别为 501、485 和 481，其中阳离子分子质量分别为 39、23 和 19，表明铁矾中阳离子质量占比较小。

酸性加压氧化过程中，高温高酸条件下硫酸铁可水解生成碱式硫酸铁 $Fe(OH)SO_4$。硫酸铁水解生成碱式硫酸铁属可逆反应，其化学反应方程式如式 (3-57) 所示：

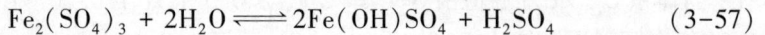

$$Fe_2(SO_4)_3 + 2H_2O \Longrightarrow 2Fe(OH)SO_4 + H_2SO_4 \quad (3-57)$$

E. Posnjak 和 H. E. Merwin 开展了 50~200℃ 范围内 $Fe_2(SO_4)_3-H_2SO_4-H_2O$ 体系研究，详细测定了上述温度范围内各物相组成及相关性质，各物质优势区域如图 3-12 所示。

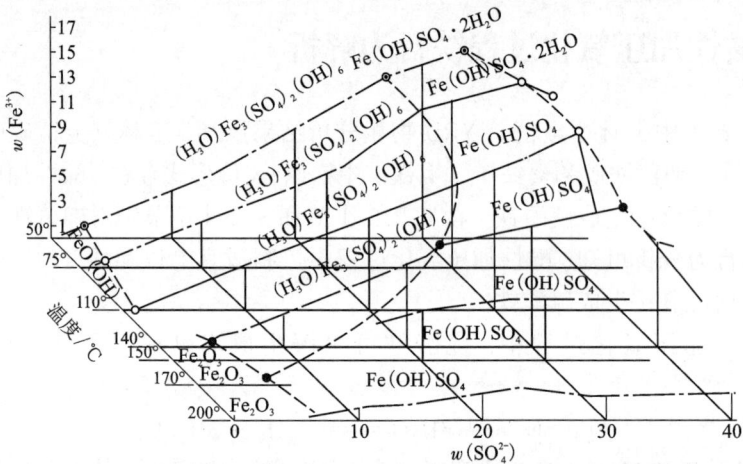

图 3-12 50~200℃ 的温度下 $Fe_2(SO_4)_3-H_2SO_4-H_2O$ 体系物相优势区域图

由图 3-12 可知，$Fe_2(SO_4)_3-H_2SO_4-H_2O$ 体系中铁矾稳定区域较大，当 $Fe_2(SO_4)_3-H_2SO_4-H_2O$ 体系中硫酸根离子含量超过 10% 时，高温条件下赤铁矿不能稳定存在。高温高硫酸根离子条件下，$Fe_2(SO_4)_3-H_2SO_4-H_2O$ 体系中碱式硫酸铁可稳定存在。随着体系温度降低，碱式硫酸铁稳定性下降，可与体系中硫酸反应生成硫酸铁和水，出现返溶现象。酸性加压氧化预处理恒温时间结束后，通过控制降温转型时间 2～12 h，可实现碱式硫酸铁的充分溶解。碱式硫酸铁返溶化学反应方程式如式（3-58）所示：

$$2Fe(OH)SO_4 + H_2SO_4 \Longrightarrow Fe_2(SO_4)_3 + 2H_2O \qquad (3-58)$$

由表 2-1 中化学元素定量分析结果可知，卡林型金精矿中硫和铁含量分别为 23.64% 和 22.69%。为方便计算，令酸性加压氧化过程中体系质量恒定不变，假定体系铁元素完全转化为铁离子，硫完全转化为硫酸根离子，计算了酸性加压氧化过程中液固比 L/S 为 3～6 时，$Fe_2(SO_4)_3$-H_2SO_4-H_2O 体系铁离子和硫酸根离子的最大质量分数值，计算结果如表 3-4 所示。

表 3-4　不同液固比条件下体系铁离子和硫酸根离子最大质量浓度

液固比（L/S）	3	4	5	6
$w(Fe^{3+})/\%$	5.63	4.52	3.77	2.83
$w(SO_4^{2-})/\%$	17.73	14.18	11.82	10.13

由表 3-4 可知，在酸性加压氧化预处理液固比 L/S 为 3～6 的范围内，铁离子的最大质量分数和最小质量分数分别为 2.83% 和 5.63%，硫酸根离子的最大质量浓度和最小质量浓度分别为 17.73% 和 10.13%。在图 3-12 基础上，绘制了 50～200℃ 条件下 $Fe_2(SO_4)_3$-H_2SO_4-H_2O 体系物相优势区域图，如图 3-13 中虚线部分所示区域。$Fe_2(SO_4)_3$-H_2SO_4-H_2O 体系物相优势区域分析结果表明，随着体

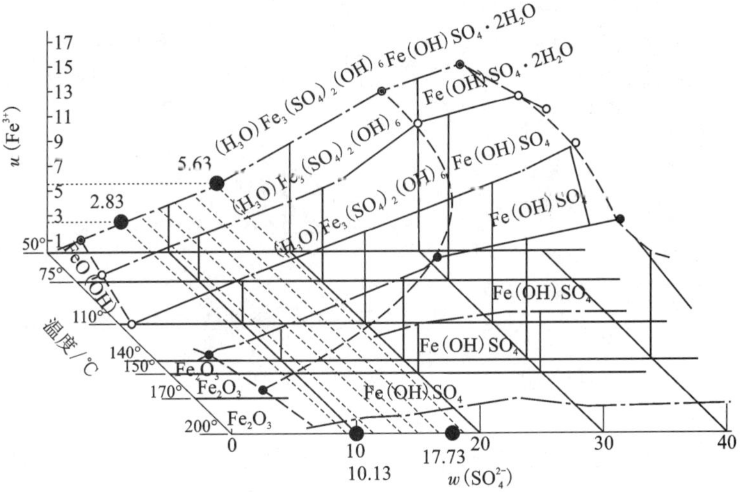

图 3-13　不同液固比条件下 50～200℃ 时 $Fe_2(SO_4)_3$-H_2SO_4-H_2O 体系物相优势区域图

系温度升高，硫酸铁可与碱性阳离子结合生成铁矾，还可水解生成碱式硫酸铁。

综上所述，酸性加压氧化过程中卡林型金精矿中黄铁矿和砷黄铁矿首先被氧化为硫酸亚铁，而后被氧化生成硫酸铁。原料中钾离子和钠离子等阳离子进入酸性氧化液后，硫酸铁与碱性阳离子结合生成铁矾。随着氧压温度进一步升高，高温高酸度条件下硫酸铁水解生成碱式硫酸铁。硫酸铁水解生成碱式硫酸铁属可逆反应，酸性加压氧化预处理工序降温过程中，可通过控制降温转型时间，实现碱式硫酸铁的充分溶解，降低碱式硫酸铁对浸金过程负面影响。

3.5 卡林型金精矿酸洗脱碳研究

基于前期卡林型金精矿系统工艺矿物学分析，卡林型金精矿中含部分碳酸盐。碳酸盐可与硫酸发生化学反应产生二氧化碳气体，不利于加压氧化过程氧分压和总气压的控制，需对卡林型金精矿进行酸洗处理以消除碳酸盐对酸性加压氧化预处理过程中气压的负面影响。

将卡林型金精矿与水按液固比 L/S 为 3 混合置于烧杯中，控制搅拌器的转速 450 r/min，温度 30℃，使金精矿与水混合均匀，持续添加适量硫酸将 pH 维持在 1.2~1.5，酸洗 30 min 后，溶液中基本无气泡产生，表明卡林型金精矿中碳酸盐已基本反应完全。实验完成后将浆料过滤洗涤，酸洗渣作为酸性加压氧化预处理原料。

酸洗渣 XRD 物相分析如图 3-14 所示。由图 3-14 可知，酸洗渣中主要物相为二氧化硅（SiO_2）、黄铁矿（FeS_2）、硫酸钙（$CaSO_4$）和白云母 $[KAl_2Si_3AlO_{10}(OH)_6]$。对比图 2-1 中卡林型金精矿 XRD 物相可知，酸洗渣中未检测到碳酸盐物相，表明卡林型金精矿中绝大部分碳酸盐已与硫酸反应完全，硫酸酸洗处理可高效脱除卡林型金精矿中碳酸盐。

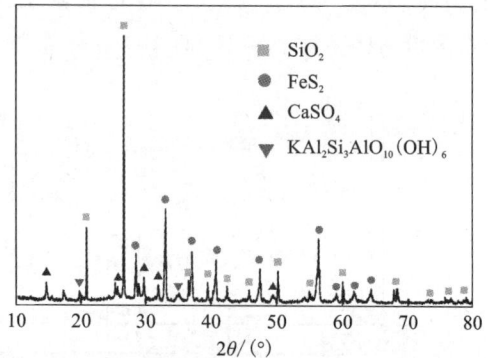

图 3-14 酸洗渣 XRD 物相分析图谱

结合图 3-14 中 XRD 物相分析结果，由图 3-15 可知，区域 1 中铁和硫含量分别为 25.8% 和 47.9%，表明区域 1 中主要物相为黄铁矿（FeS_2），区域 1 中氧含量高达 22.9%，推测为烘样过程中部分黄铁矿被空气中氧气氧化所致。区域 2 中硅和氧含量分别为 31.9% 和 66.5%，表明区域 2 中主要物相为二氧化硅（SiO_2）。

区域 3 中硫、钙和氧含量分别为 13.1%、13.5% 和 63.6%，表明区域 3 中主要物相为硫酸钙($CaSO_4$)。区域 4 中硅、铝和氧含量分别为 24.3%、10.7% 和 63.7%，表明区域 4 中主要物相为硅酸盐。区域 5 中铁、硫、氧和砷含量分别为 28.3%、54.1%、11.5% 和 4.7%，表明区域 5 中主要物相为黄铁矿(FeS_2)和砷黄铁矿($FeAsS$)，区域 5 中氧含量高达 11.5%，推测为烘样过程中部分黄铁矿或砷黄铁矿被空气中氧气氧化所致。区域 6 中硅、铝、钾和氧含量分别为 17.1%、12.2%、2.6% 和 65.5%，表明区域 6 中的物相存在云母类的硅酸盐。

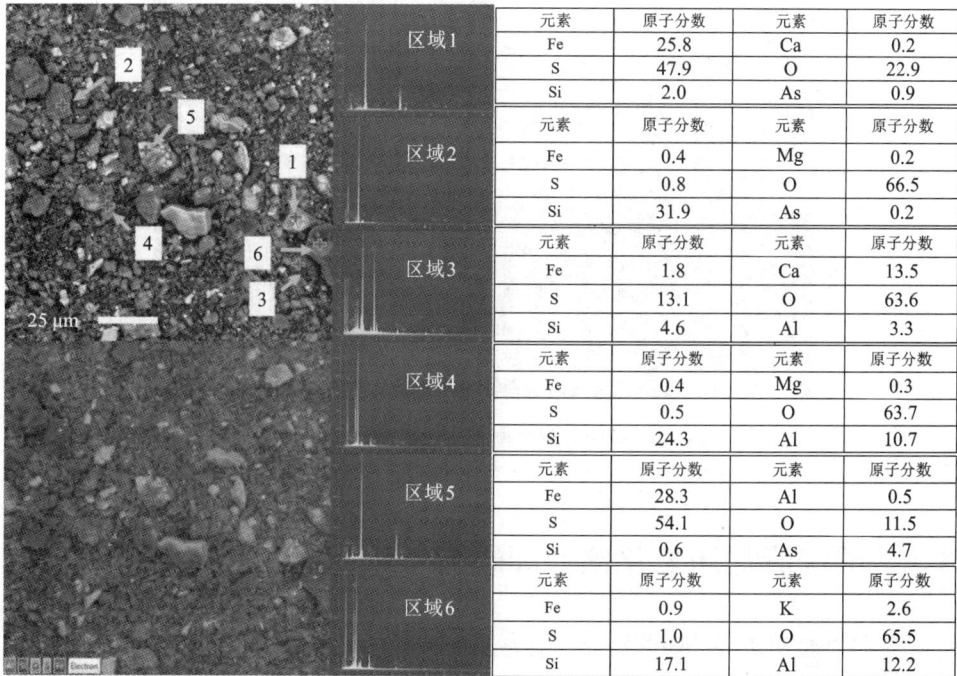

元素	原子分数	元素	原子分数
区域1			
Fe	25.8	Ca	0.2
S	47.9	O	22.9
Si	2.0	As	0.9
元素	原子分数	元素	原子分数
区域2			
Fe	0.4	Mg	0.2
S	0.8	O	66.5
Si	31.9	As	0.2
元素	原子分数	元素	原子分数
区域3			
Fe	1.8	Ca	13.5
S	13.1	O	63.6
Si	4.6	Al	3.3
元素	原子分数	元素	原子分数
区域4			
Fe	0.4	Mg	0.3
S	0.5	O	63.7
Si	24.3	Al	10.7
元素	原子分数	元素	原子分数
区域5			
Fe	28.3	Al	0.5
S	54.1	O	11.5
Si	0.6	As	4.7
元素	原子分数	元素	原子分数
区域6			
Fe	0.9	K	2.6
S	1.0	O	65.5
Si	17.1	Al	12.2

图 3-15　酸洗渣 EDS 能谱分析图谱

由图 3-16 中圆圈所指区域可知，酸洗渣中铁、砷和硫存在区域高度重叠现象，结合物相分析结果可知，重叠区域主要为黄铁矿和砷黄铁矿。硅、铝、钾和氧存在区域高度重叠现象，结合物相分析结果可知，重叠区域主要为二氧化硅和云母类的硅酸盐。钙分布较为均匀，多为含钙碳酸盐与硫酸反应生成的硫酸钙，而硫酸钙微溶于水，所以大部分硫酸钙沉积于酸洗渣中。卡林型金精矿经酸洗处理后，除碳酸盐外其余物相变化相对较小，仍需对酸洗渣进行酸性加压氧化预处理，使酸洗渣中黄铁矿和砷黄铁矿等物相氧化分解完全。

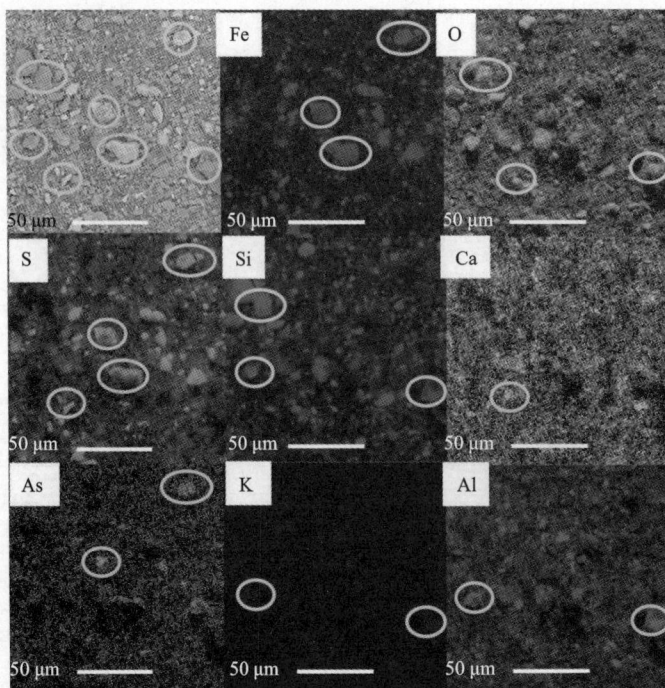

图 3-16 酸洗渣 SEM-Mapping 图

3.6 酸洗渣加压氧化预处理研究

卡林型金精矿经硫酸酸洗后，绝大部分碳酸盐矿物被酸化分解，酸洗得到的酸洗渣作为酸性加压氧化预处理的原料。酸性加压氧化预处理过程恒温时间（0.5~2.5 h）结束后，停止通氧，搅拌速度不变，降温转型时间持续 6 h，控制转型过程中的温度不低于 90℃，以实现碱式硫酸铁充分溶解。降温转型结束后，过滤洗涤得到氧压渣，测定酸洗渣中负二价硫氧化率。开展氧压渣提金实验计算氧压渣中金浸出率，并将其作为酸性加压氧化预处理优化条件选择依据。

多硫化钠作非氰浸金剂，在碱性条件下可与金发生配合反应，生成稳定的配合物 AuS_x^- 存在于溶液中。采用多硫化钠提金体系，氧压渣浸金条件如下所示：温度 30℃、多硫化钠 20 g/L、液固比 L/S 为 4、活性炭浓度 50 g/L、搅拌速度 400 r/min、pH 10.5~11.5、反应时间 5 h。

3.6.1　温度影响

以酸洗渣为原料，在搅拌速度 600 r/min、恒温时间 2 h、降温冷却时间 6 h、氧分压 1000 kPa、初始 pH 1.2~1.3 和液固比 L/S 为 5 的条件下，分别考察了氧压温度为 180℃、195℃、210℃、225℃和 240℃时对酸性加压氧化预处理效果的影响。不同氧压温度条件下氧压渣的金浸出率和酸洗渣中负二价硫氧化率如图 3-17 所示。

由图 3-17 可知，随着酸性加压氧化预处理温度由 180℃上升至 225℃，氧压渣多硫化钠提金体系金浸出率由 76.2%上升至 79.4%。继续升高酸性加压氧化预处理温度至 240℃时，氧压渣多硫化钠提金体系金浸出率上升至 79.6%，变化幅度较小。当温度为 225℃时，酸洗渣中负二价硫中氧化率为

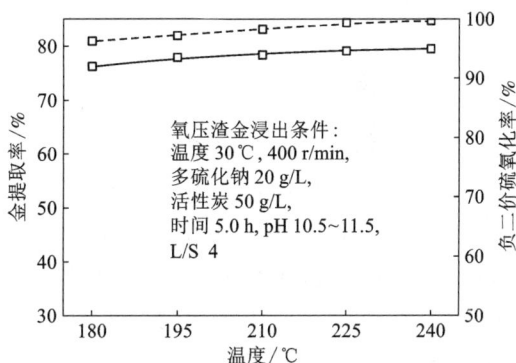

图 3-17　酸性加压氧化预处理温度对氧压渣中金浸出率和酸洗渣中负二价硫氧化率的影响（多硫化钠提金体系）

99%以上，氧化较为彻底。升高温度，分子热运动愈发剧烈，有利于硫化物氧化分解，释放硫化物包裹金。综合考虑金浸出率、能耗和负二价硫氧化率，选取酸性加压氧化预处理温度 225℃为优化条件。

3.6.2　恒温时间影响

以酸洗渣为原料，在搅拌速度 600 r/min、氧分压 1000 kPa、温度 225℃、降温冷却时间 6 h、初始 pH 1.2~1.3 和液固比 L/S 为 5 的条件下，分别考察了恒温时间为 0.5 h、1 h、1.5 h、2 h 和 2.5 h 对酸性加压氧化预处理效果的影响。不同恒温时间条件下氧压渣的金浸出率和酸洗渣中负二价硫氧化率如图 3-18 所示。

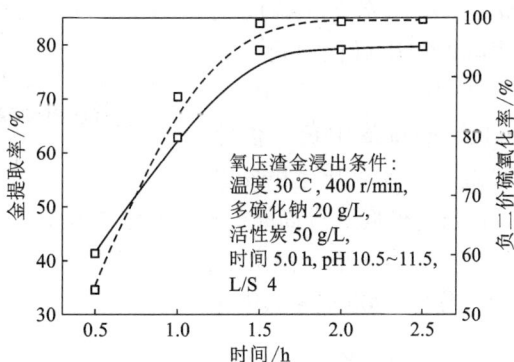

图 3-18　酸性加压氧化预处理恒温时间对氧压渣中金浸出率和酸洗渣中负二价硫氧化率的影响（多硫化钠提金体系）

由图 3-18 可知，随着酸性加压氧化预处理恒温时间由 0.5 h 上升至 1.5 h，氧压渣多硫化钠提金体系金浸出率由 41.3% 上升至 78.9%。继续延长酸性加压氧化预处理恒温时间至 2 h 和 2.5 h，氧压渣多硫化钠提金体系金浸出率分别上升至 79.1% 和 79.7%，金浸出率变化较小。当酸性加压氧化预处理恒温时间由 0.5 h 延长至 1.5 h 时，酸洗渣中负二价硫氧化率由 54.3% 升高至 99% 以上，氧化较为彻底。延长酸性加压氧化预处理恒温时间有利于卡林型金精矿中硫化物被充分氧化分解。综合考虑金浸出率和负二价硫氧化率，选取酸性加压氧化预处理恒温时间 1.5 h 为优化条件。

3.6.3 氧分压影响

以酸洗渣为原料，在搅拌速度 600 r/min、恒温时间 1.5 h、降温冷却时间 6 h、温度 225℃、初始 pH 1.2~1.3 和液固比 L/S 为 5 的条件下，分别考察了氧分压为 600 kPa、800 kPa、1000 kPa、1200 kPa 和 1400 kPa 时对酸性加压氧化预处理效果的影响。不同温度条件下氧压渣的金浸出率和酸洗渣中负二价硫氧化率如图 3-19 所示。

由图 3-19 可知，随着酸性加压氧化预处理氧分压由 600 kPa 上升至 1200 kPa，氧压渣多硫化钠提金体系金浸出率由 66.3% 上升至 80.6%。继续升高酸性加压氧化预处理氧分压至 1400 kPa，氧压渣多硫化钠提金体系金浸出率上升至 80.9%，金浸出率变化幅度较小。当酸性加压氧化预处理氧分压由 600 kPa 上升至 1200 kPa，酸洗渣中负二价硫氧化率由 74.5% 上升至 99% 以

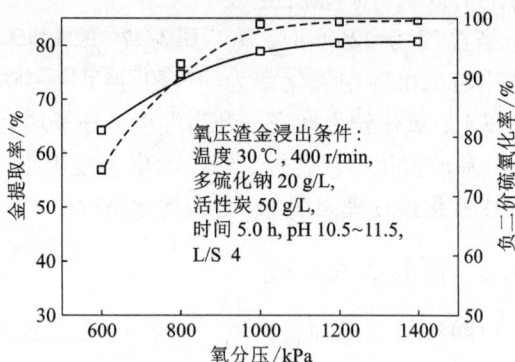

图 3-19 酸性加压氧化预处理氧分压对氧压渣中金浸出率和酸洗渣中负二价硫氧化率的影响（多硫化钠提金体系）

上，氧化较为彻底。升高氧分压，单位体积氧气浓度增加，有利于硫化物与氧气接触反应。综合考虑金浸出率、生产成本和负二价硫氧化率，选取酸性加压氧化预处理氧分压 1200 kPa 为优化条件。

3.6.4 液固比影响

以酸洗渣为原料，在搅拌速度 600 r/min、恒温时间 1.5 h、降温冷却时间 6 h、温度 225℃、氧分压 1200 kPa 和初始 pH 1.2~1.3 的条件下，分别考察了液

固比 L/S 为 3、4、5、6 和 7 时对酸性加压氧化预处理效果的影响。不同液固比条件下氧压渣的金浸出率和酸洗渣中负二价硫氧化率如图 3-20 所示。

由图 3-20 可知，随着酸性加压氧化预处理液固比由 3 上升至 4，氧压渣多硫化钠提金体系金浸出率由 71.5% 上升至 80.7%。继续升高酸性加压氧化预处理液固比至 7，氧压渣多硫化钠提金体系金浸出率上升至 81.6%，变化幅度较小。当酸性加压氧化预处理液固比由 3 上升至 4 时，酸洗渣中负二价硫氧化率由 84.8% 上升至 99% 以上，氧化较为彻

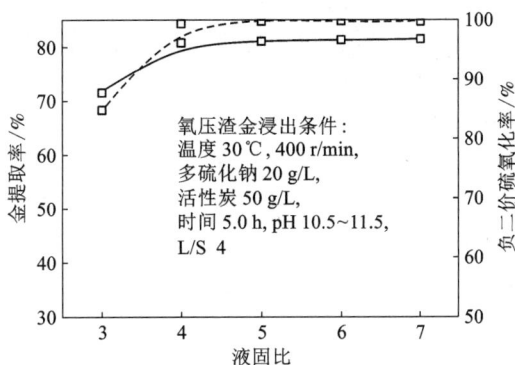

氧压渣金浸出条件：
温度 30℃，400 r/min，
多硫化钠 20 g/L，
活性炭 50 g/L，
时间 5.0 h，pH 10.5~11.5，
L/S 4

图 3-20　酸性加压氧化预处理液固比对氧压渣中金浸出率和酸洗渣中负二价硫氧化率的影响（多硫化钠提金体系）

底。增大液固比可有效降低矿浆黏度，不仅利于分子扩散，也利于硫化物高效氧化分解，但过高的液固比会导致水用量增加，降低生产效率。综合考虑金浸出率、生产效率和负二价硫氧化率，选取酸性加压氧化预处理液固比 L/S 为 4 为优化条件。

3.7　碱式硫酸铁转型研究

酸性加压氧化预处理过程中生成碱式硫酸铁，不仅会增加氧压渣产生量，还会包裹一部分金，不利于金的高效浸出。另外在碱性铁矾分解过程，会消耗额外的碱，增加生产成本。酸性加压氧化预处理恒温时间结束后，通过控制降温转型时间（2~12 h），可实现碱式硫酸铁的充分溶解。以酸洗渣为原料，在转速 600 r/min、恒温时间 1.5 h、氧分压 1200 kPa、液固比 L/S 为 4、温度 225℃ 的优化条件下开展了酸性加压氧化预处理实验。降温转型过程温度不低于 90℃，不同降温转型时间所得氧压渣的 XRD 结果如图 3-21 所示。

由图 3-21(a) 可知，当降温转型时间为 3 h 时，氧压渣中主要物相为硫酸钙（$CaSO_4$）、铁矾 [$(K, H_3O)Fe_3(SO_4)(OH)_6$]、碱式硫酸铁 [$Fe(OH)SO_4$] 和二氧化硅（$SiO_2$）。由图 3-21(b) 可知，当降温转型时间为 6 h 时，氧压渣中主要物相为硫酸钙（$CaSO_4$）、铁矾 [$(K, H_3O)Fe_3(SO_4)(OH)_6$] 和二氧化硅（$SiO_2$）。

当酸性加压氧化过程液固比 L/S 为 4 时，体系硫铁离子摩尔比约 0.62，硫铁离子摩尔比数值在 $0.6 < C_{(S)}/C_{(Fe+S)} < 0.667$。由图 3-11(c) 中 Fe-S-H$_2$O 体系

498 K 条件下 $0.6 < C_{(S)}/C_{(Fe+S)}$ < 0.667 的 Eh-pH 图可知, 当体系酸度较高时, 铁以 Fe^{3+} 形式存在。酸性加压氧化预处理优化条件下所得酸性氧化液中残留硫酸浓度达 74.3 g/L, 高于赤铁矿稳定存在的硫酸浓度值(59.6 g/L), 这表明酸性加压氧化过程中赤铁矿不能稳定存在。图 3-21 所示氧压渣 XRD 物相结果中未检测到赤铁矿物相, 与 3.3.5 小节和 3.4 小节的铁热力学行为分析一致。

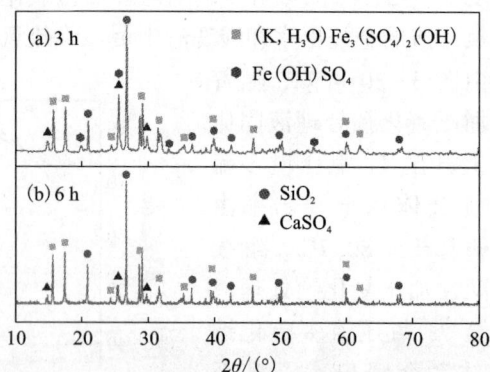

图 3-21 不同降温转型时间所得氧压渣的 XRD 图谱

对比图 3-21、图 3-14 和图 2-1 中物相分析结果可知, 卡林型金精矿中存在白云母$[KAl_2Si_3AlO_{10}(OH)_2]$物相, 但氧压渣中未检测到白云母物相, 这表明酸性加压氧化预处理工序可实现卡林型金精矿中白云母物相分解。白云母中钾溶解进入溶液中时, 酸性加压氧化预处理过程中钾离子可与硫酸铁反应生成铁矾。

由图 3-13 中高温条件下 $Fe_2(SO_4)_3$-H_2SO_4-H_2O 体系物相优势区域图可知, 当液固比 L/S 为 4 时, 酸性加压氧化预处理过程铁主要以铁矾和碱式硫酸铁(纤铁矾)物相稳定存在。图 3-21(a) 中 XRD 物相存在铁矾和碱式硫酸铁, 与 3.4 小节的铁热力学行为分析一致。当降温转型时间由 3 h 延长至 6 h 时, 图 3-21(b) 中氧压渣 XRD 图谱未检测到碱式硫酸铁物相, 但存在铁矾物相, 这表明控制适宜降温转型时间可实现碱式硫酸铁的充分溶解, 与 3.4 小节的铁热力学行为分析一致。

3.8 氧压渣工艺矿物学表征

3.8.1 微区分析及金赋存物相分布规律

以酸洗渣为原料, 在转速 600 r/min、恒温时间 1.5 h、氧分压 1200 kPa、液固比 L/S 为 4、温度 225℃ 的优化条件下开展了酸性加压氧化预处理实验, 降温转型时间为 6 h。优化实验所得氧压渣的 SEM-EDS 结果如图 3-22 所示。

由图 3-22 可知, 区域 4 中硅和氧原子数量占比分别为 33.31% 和 64.12%, 铁、硫和钙原子数量占比分别为 0.43%、1.41% 和 0.33%。结合图 3-21 中氧压渣 XRD 结果可知, 区域 4 主要物相为二氧化硅。区域 5 中铁、硫和氧原子数量占比分别为 17.03%、13.11% 和 66.85%, 硅和钙原子数量占比分别为 2.58% 和

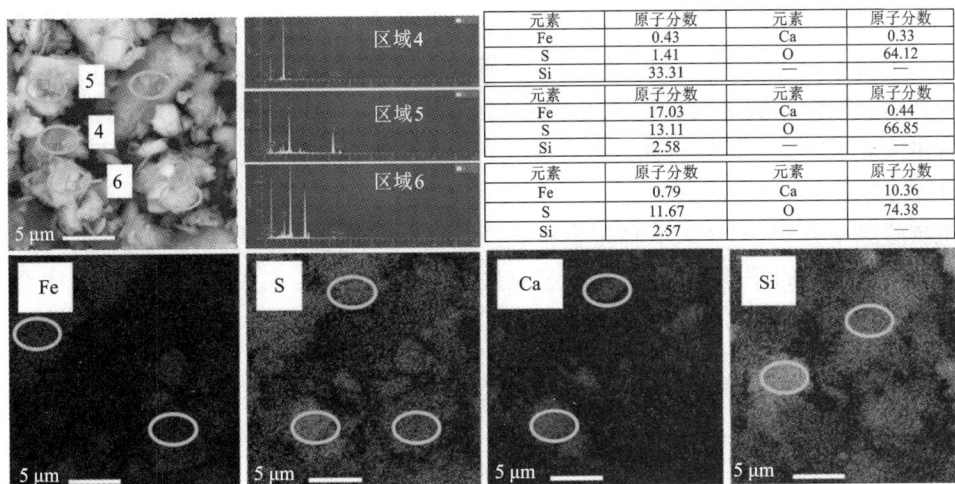

区域4

元素	原子分数	元素	原子分数
Fe	0.43	Ca	0.33
S	1.41	O	64.12
Si	33.31	—	—

区域5

元素	原子分数	元素	原子分数
Fe	17.03	Ca	0.44
S	13.11	O	66.85
Si	2.58	—	—

区域6

元素	原子分数	元素	原子分数
Fe	0.79	Ca	10.36
S	11.67	O	74.38
Si	2.57	—	—

图 3-22　氧压渣的 SEM-EDS 图

0.44%。结合图 3-21 中氧压渣 XRD 结果可知,区域 5 主要物相为铁矾。区域 6 中钙、硫和氧原子数量占比分别为 10.36%、11.67 和 74.38%,硅和铁原子数量占比分别为 2.57% 和 0.79%。结合图 3-21 中氧压渣 XRD 结果可知,区域 5 主要物相为硫酸钙。

氧压渣中金物相分析结果如表 3-5 所示。由表可知,氧压渣总金含量为 20.64 g/t,较金精矿金含量有提高,这是由于卡林型金精矿经酸性加压氧化预处理后存在一定渣损。氧压渣中裸露金、铁矾包裹金、硫酸钙包裹金、硫化物包裹金和硅酸盐包裹金含量分别为 16.41 g/t、1.98 g/t、0.43 g/t、0.54 g/t 和 1.28 g/t,分别占比为 79.51%、9.59%、2.08%、2.62%% 和 6.20%。

表 3-5　氧压渣中金物相分布

物相	裸露金	铁矾包裹金	硫酸钙包裹金	硫化物包裹金	硅酸盐包裹金	总金
含量/(g·t⁻¹)	16.41	1.98	0.43	0.54	1.28	20.64
占比/%	79.51	9.59	2.08	2.62	6.20	100

与表 2-2 对比可知,卡林型金精矿经酸性加压氧化预处理后,绝大部分硫化物包裹金得到释放,硫化物包裹金占比由 86.44% 降低至 2.62%,裸露金占比由 3.47% 上升至 79.51%。酸性加压氧化预处理可高效释放卡林型金精矿中包裹金,但存在少量金被二次包裹现象,氧压渣中铁矾包裹金含量占比达 9.59%,需充分

打开铁矾等化合物对金的二次包裹方可实现金的高效浸出。

卡林型金精矿和氧压渣中碳物相对比结果如表3-6所示。由表3-6可知,卡林型金精矿中总碳含量为6.15%,有机碳和无机碳含量分别为4.29%和1.86%。卡林型金精矿经酸洗脱碳和酸性加压氧化预处理后,渣损约24%。氧压渣中总碳含量为4.17%,有机碳和无机碳含量分别为4.06%和0.11%。由此计算可得,卡林型金精矿经酸洗脱碳和酸性加压氧化预处理后,有机碳脱除率为28.07%,无机碳脱除率为95.51%。卡林型金精矿经酸洗脱碳和酸性加压氧化预处理工序,可实现无机碳的深度脱除,但对有机碳脱除效果不理想,氧压渣中残留有机碳会吸附浸金液中金离子,不利于金的高效回收。

表3-6　卡林型金精矿和氧压渣中碳物相对比

矿物	卡林型金精矿	氧压渣
总碳质量分数/%	6.15	4.17
有机碳质量分数/%	4.29	4.06
无机碳质量分数/%	1.86	0.11

3.8.2　元素化学状态解析

氧压渣表面铁、砷、硫的 XPS 分析结果如图3-23所示,相关参考文献如表3-7所示。由图3-23可知,在710.5 eV 和712.2 eV 处分别检测出 $Fe(Ⅱ)$[Fe2p3]峰和 $Fe(Ⅲ)$[Fe2p3]峰,依据峰值区域面积计算可知其含量分别为15.10%和84.90%。在44.41 eV 和45.77 eV 处分别检测出 $As(Ⅲ)$[As3d5]峰和 $As(Ⅴ)$[As3d5]峰,依据峰值区域面积计算可知其含量分别为37.83%和62.17%。169.14 eV 对应 SO_4^{2-}[S2p3]的峰值,依据峰值区域面积计算可知其含量为100%。氧压渣中铁主要以正三价形式存在,砷大部分以正五价形式存在,硫主要以正六价形式存在。

表3-7　不同化学状态的峰值和相关参考文献

结合能/eV	化学状态	参考文献
709.7	Fe^{2+}	Beamson et al., 1991; Descostes et al., 2001; Descostes et al., 2000
711.0	Fe^{3+}	Beamson et al., 1991; Descostes et al., 2001; Descostes et al., 2000

续表3-7

结合能/eV	化学状态	参考文献
169.34	SO_4^{2-}	Brion，1980；Descostes et al.，2001；Guo et al.，2020
43.50	As^{3+}	Brion，1980；Wagner，1990；Descostes et al.，2001
44.93	As^{5+}	Brion，1980；Descostes et al.，2001；Wagner et al.，1990

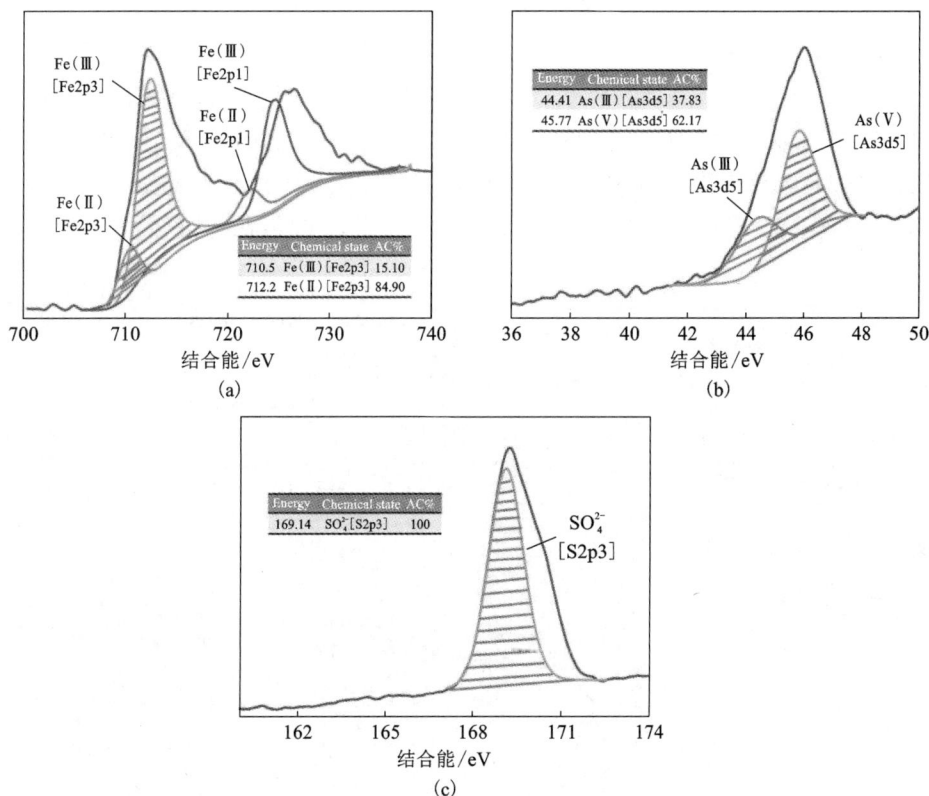

图 3-23　氧压渣表面铁、砷、硫的 XPS 图谱

3.9 硫元素价态调控机制

卡林型金精矿中含有大量硫化物，由于反应动力学因素，硫化物在酸性加压氧化过程中可生成中间产物元素硫。元素硫疏水性较强，易包覆在矿物和金的表面并形成致密的钝化膜，阻碍矿物氧化分解和金的浸出。元素硫熔点约120℃，本节拟开展酸洗渣在不同温度下的酸性加压氧化预处理实验，通过XPS分析氧压渣表面硫元素化学状态，揭示酸性加压氧化过程中温度对氧压渣中元素硫含量影响，明确硫元素价态调控机制。

3.9.1 含硫矿物氧化生成元素硫热力学分析

卡林型金精矿中主要含硫矿物为黄铁矿、毒砂、方铅矿和闪锌矿，采用HSC 7.1计算了298.15~523.15 K卡林型金精矿中含硫矿物生成元素硫的$\Delta G^{\ominus}$数值，如图3-24所示。在298.15~523.15 K条件下，图3-24中所有反应的$\Delta G^{\ominus}$均小于0。热力学分析表明，理论上上述反应均有可能发生。由于卡林型金精矿中方铅矿和闪锌矿含量远低于黄铁矿和毒砂含量，元素硫主要源于黄铁矿和毒砂。

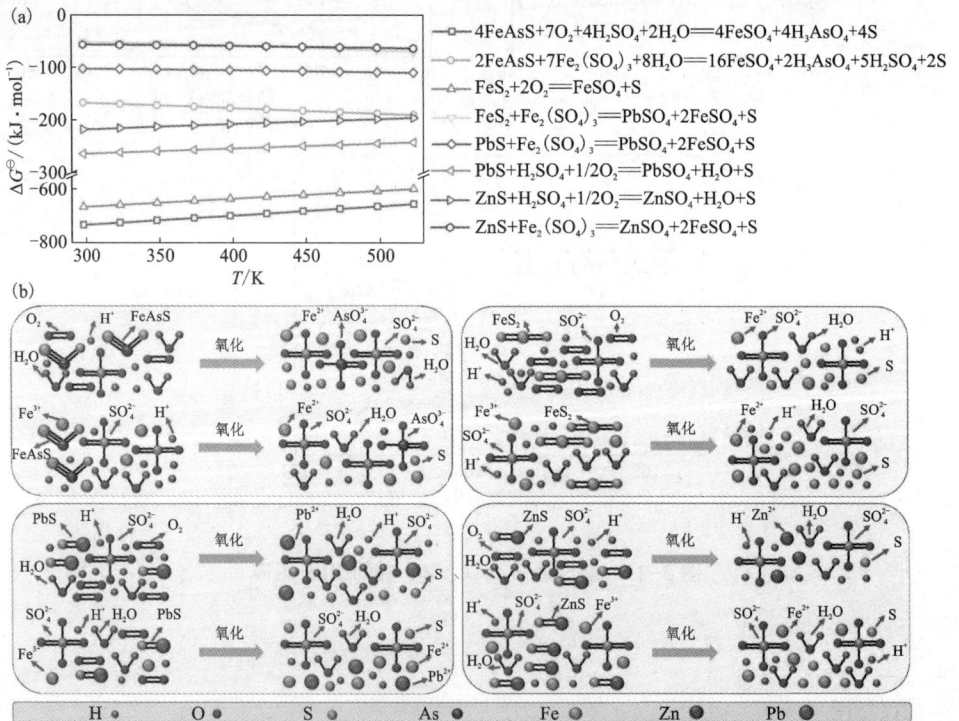

图3-24 不同温度下可能产生的元素硫化学反应和$\Delta G^{\ominus}$的变化及其反应机理图

3.9.2　不同氧压温度下硫元素物相演变规律

以酸洗渣为原料，在转速 600 r/min、预处理恒温时间 1.5 h、降温转型时间 6 h、氧分压 1200 kPa、pH 1.2～1.3、液固比 L/S 为 4 的条件下开展了不同温度（110℃，150℃，180℃，225℃）酸性加压氧化预处理实验。采用 XPS 对不同温度氧压渣中硫元素不同价态组成进行了分析拟合实验，结果如图 3-25 所示，相关参考文献如表 3-8 所示。

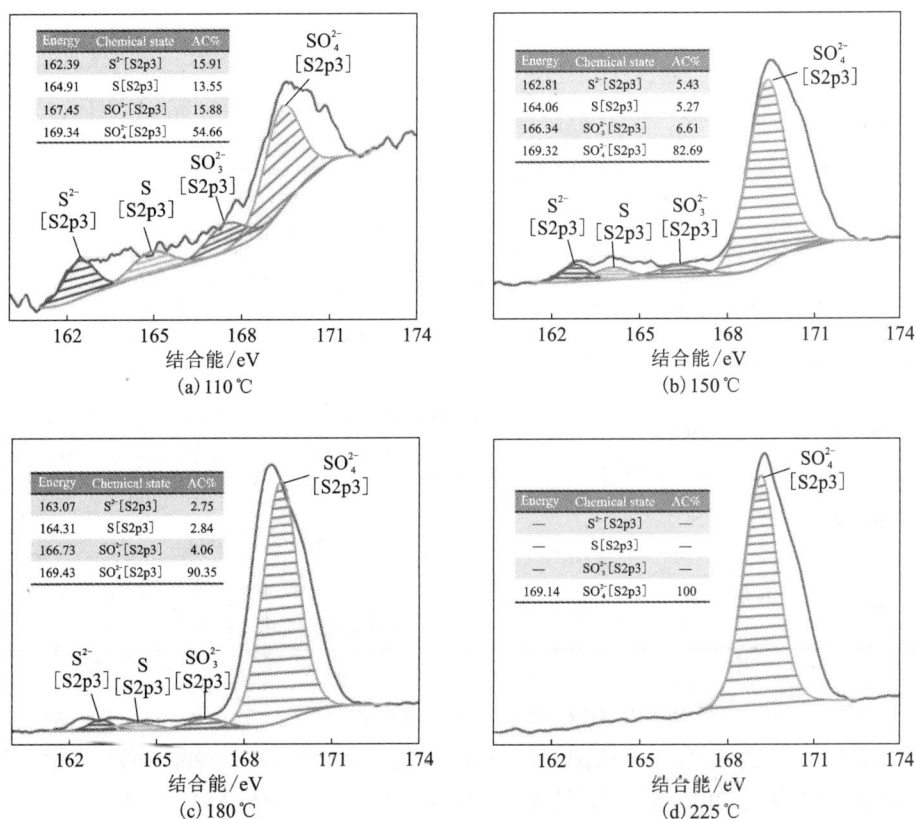

图 3-25　不同酸性加压氧化温度条件下氧压渣中硫元素物相分布

表 3-8　不同化学状态的峰值和相关参考文献

结合能/eV	化学状态	参考文献
162.39	S^{2-}	Brion, 1980; Wagner, 1990; Guo et al., 2020
164.91	S	Brion, 1980; Descostes et al., 2001; Wagner et al., 2003

续表3-8

结合能/eV	化学状态	参考文献
167.45	SO_3^{2-}	Beamson et al., 1991; Descostes et al., 2001; Descostes et al., 2000
169.34	SO_4^{2-}	Brion, 1980; Descostes et al., 2001; Wagner et al., 2003
162.81	S^{2-}	Brion, 1980; Wagner, 1990; Guo et al., 2020
164.06	S	Brion, 1980; Descostes et al., 2001; Wagner et al., 2003
166.34	SO_3^{2-}	Beamson et al., 1991; Descostes et al., 2001; Descostes et al., 2000
169.32	SO_4^{2-}	Brion, 1980; Descostes et al., 2001; Wagner et al., 2003
163.07	S^{2-}	Brion, 1980; Wagner, 1990; Guo et al., 2020
164.31	S	Brion, 1980; Descostes et al., 2001; Wagner et al., 2003
166.73	SO_3^{2-}	Beamson et al., 1991; Descostes et al., 2001; Descostes et al., 2000
169.43	SO_4^{2-}	Brion, 1980; Descostes et al., 2001; Wagner et al., 2003
169.14	SO_4^{2-}	Brion, 1980; Descostes et al., 2001; Wagner et al., 2003

由图 3-25(a)可知，在 162.39 eV、164.91 eV、167.45 eV 和 169.34 eV 处分别检测出 S^{2-}[S2p3]峰、S[S2p3]峰、SO_3^{2-}[S2p3]峰和 SO_4^{2-}[S2p3]峰，依据峰值区域面积计算可知其含量分别为 15.91%、13.55%、15.88% 和 54.66%。由图 3-25(b)可知，在 162.81 eV、164.06 eV、166.34 eV 和 169.32 eV 处分别检测出 S^{2-}[S2p3]峰、S[S2p3]峰、SO_3^{2-}[S2p3]峰和 SO_4^{2-}[S2p3]峰，依据峰值区域面积计算可知其含量分别为 5.43%、5.27%、6.61% 和 82.69%。由图 3-25(c)可知，在 163.07 eV、164.31 eV、166.73 eV 和 169.43 eV 处分别检测出 S^{2-}[S2p3]峰、S[S2p3]峰、SO_3^{2-}[S2p3]峰和 SO_4^{2-}[S2p3]峰，依据峰值区域面积计算可知其含量分别为 2.75%、2.84%、4.06% 和 90.35%。由图 3-25(d)可知，在 169.14 eV 处检测出 SO_4^{2-}[S2p3]峰，依据峰值区域面积计算可知其含量为 100%。

由图 3-25 可知，随着酸性加压氧化预处理过程温度逐渐升高，氧压渣表面负二价硫、元素硫和亚硫酸根含量逐渐减少，硫酸根含量逐渐增加。随着温度从110℃升高到150℃，氧压渣中单质硫含量从13.55%降至5.27%。元素硫的熔点约为120℃，熔融的元素硫比固态的元素硫更容易被氧化。当温度为225℃时，氧压渣表面硫酸根含量达100%。

3.9.3 不同氧压温度下金赋存物相演变规律

酸性加压氧化预处理过程中不同温度条件下得到的氧压渣金物相分布如图 3-26 所示。由图 3-26 可知，随着温度升高，裸露金含量占比逐渐升高，铁矾包裹金含量占比逐渐升高，硫化物包裹金含量占比逐渐降低，硅酸盐和硫酸钙包裹金含量占比变化较小。

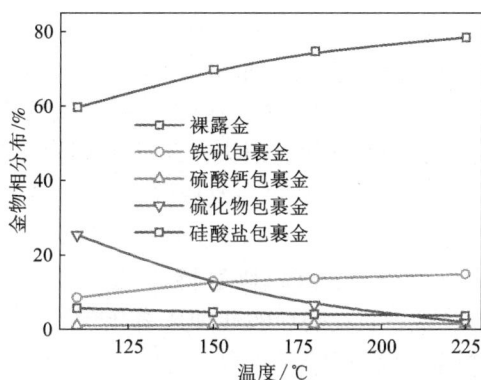

图 3-26 不同温度条件下氧压渣中金物相分布

当温度由110℃升高至225℃时，氧压渣中裸露金含量占比由59.66%上升至78.34%。硫化物氧化分解使包裹金得到释放，硫化物氧化分解过程中生成的元素硫易包裹在矿物表面，阻碍矿物的进一步氧化分解。此外，元素硫易吸附在裸露金表面形成二次包裹，阻碍金与浸出剂接触反应。综上所述，酸性加压氧化预处理过程中控制适宜温度，可有效减少氧压渣中元素硫的残留。

3.10 本章小结

本章基于卡林型金精矿工艺矿物学分析，开展了酸性加压氧化预处理过程热力学分析，明确了酸性加压氧化过程中的主要元素行为及物相转化机理。另外，针对卡林型金精矿包裹严重难题，开展了卡林型金精矿酸性加压氧化预处理研究，阐明了酸性加压氧化过程中的金赋存物相演变规律及其分配行为，明确了硫元素价态行为调控机制。主要结果和结论如下：

(1)明确了酸性加压氧化过程物相转化机理。计算并绘制了黄铁矿、褐铁矿、砷黄铁矿、碳酸盐、方铅矿和闪锌矿化学反应 $\Delta G^{\ominus}$ 和平衡常数随温度变化图，理论上确定了在酸性加压氧化预处理过程中均易发生化学反应。计算并绘制了 Fe-S-H$_2$O 体系 498 K 条件下不同 $C_{(S)}/C_{(Fe+S)}$ 区间 Eh-pH 图。当体系硫铁摩尔比在 $0.6<C_{(S)}/C_{(Fe+S)}<1$ 时，提高酸度和电位，铁和硫最终以 Fe^{3+} 和 HSO$_4^-$ 形式存在。当卡林型金精矿酸性加压氧化过程中液固比 L/S 为 3～6 时，Fe$_2$(SO$_4$)$_3$-H$_2$SO$_4$-H$_2$O 体系物相优势区域分析结果表明，随着体系温度升高，硫酸铁可与碱性阳离子结合生成铁矾，还可水解生成碱式硫酸铁。

(2)明确了酸性加压氧化预处理优化工艺条件。酸洗渣 XRD 结果表明，硫酸酸洗过程可高效分解碳酸盐，消除碳酸盐对加压氧化过程负面影响。确定了加压氧化预处理优化条件：搅拌速度 600 r/min、恒温时间 1.5 h、降温转型时间 6 h、温度 225℃、氧分压 1200 kPa 和液固比 L/S 为 4。采用多硫化钠体系，氧压渣中金浸出率达 80.7%。降温转型时间由 3 h 延长至 6 h，氧压渣中主要物相为硫酸钙、二氧化硅和铁矾，碱式硫酸铁物相消失，表明延长降温转型时间可实现碱式硫酸铁充分溶解。酸性加压氧化过程可高效释放硫化物包裹金，对硅酸盐包裹金影响较小。铁矾和硫酸钙表面致密，会对金形成二次包裹。卡林型金精矿经酸洗脱碳和酸性加压氧化预处理后，有机碳脱除率为 28.07%，无机碳脱除率为 95.51%。卡林型金精矿经酸洗脱碳和酸性加压氧化预处理工序，可实现无机碳的深度脱除，但对有机碳脱除效果不理想。

(3)明确了硫元素价态行为调控机制。热力学分析表明，含硫矿物在预处理过程中可氧化生成中间产物元素硫。在转速 600 r/min、预处理恒温时间 1.5 h、降温转型时间 6 h、氧分压 1200 kPa、液固比 L/S 为 4 的条件下，考察了不同温度(110℃，150℃，180℃，225℃)对氧压渣中元素硫含量影响。XPS 分析结果表明，氧压渣中元素硫含量随着温度升高而逐渐减少，当温度为 225℃ 时，氧压渣表面检测不到元素硫，与热力学分析结果一致。

第 4 章　碱性体系氧压渣中铁矾分解研究

4.1　引言

卡林型金精矿经酸性加压氧化预处理后，绝大部分黄铁矿和毒砂包裹金得到释放。酸性加压氧化预处理过程中会生成铁矾和碱式硫酸铁(纤铁矾)，通过降温转型工序可实现碱式硫酸铁充分溶解，但仍存在铁矾等矿物二次包裹金现象。氧压渣中铁矾包裹金含量占总金含量的 9.59%，拟采用碱性体系分解氧压渣中铁矾方法，充分打开铁矾对金的包裹，从而高效提取金。

4.2　铁矾分解机理解析

铁矾在酸性条件下比较稳定，但当溶液碱度达到一定值时，铁矾可与碱发生反应，生成氢氧化铁和硫酸盐。铁矾的生成和碱性条件下分解示意图如图 4-1 所示。

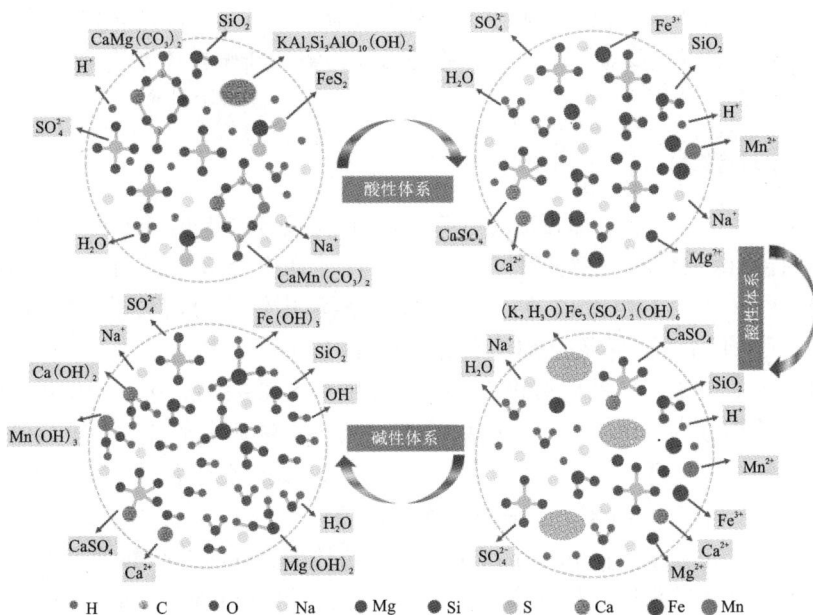

图 4-1　酸性体系铁矾生成和碱性体系铁矾分解示意图

铁矾分解工序中加入石灰乳调节 pH，铁矾和残留的碱式硫酸铁可与氢氧化钙反应生成硫酸钙、硫酸钠、硫酸钾和氢氧化铁等物质。反应生成的氢氧化铁和硫酸钙在碱性体系多以沉淀形式存在，可进一步促进分解反应的正向进行。上述反应方程式如式(4-1)至式(4-4)所示。

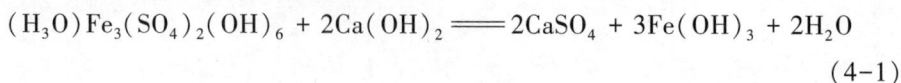

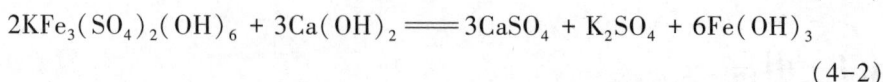

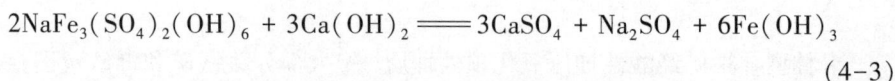

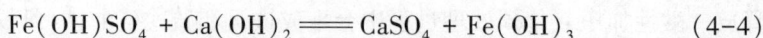

$$(H_3O)Fe_3(SO_4)_2(OH)_6 + 2Ca(OH)_2 \Longrightarrow 2CaSO_4 + 3Fe(OH)_3 + 2H_2O \tag{4-1}$$

$$2KFe_3(SO_4)_2(OH)_6 + 3Ca(OH)_2 \Longrightarrow 3CaSO_4 + K_2SO_4 + 6Fe(OH)_3 \tag{4-2}$$

$$2NaFe_3(SO_4)_2(OH)_6 + 3Ca(OH)_2 \Longrightarrow 3CaSO_4 + Na_2SO_4 + 6Fe(OH)_3 \tag{4-3}$$

$$Fe(OH)SO_4 + Ca(OH)_2 \Longrightarrow CaSO_4 + Fe(OH)_3 \tag{4-4}$$

4.3 碱性体系氧压渣中铁矾分解工艺研究

氧压渣中存在铁矾二次包裹金现象，可通过开展氧压渣碱性体系铁矾分解实验，充分打开氧压渣中铁矾对金的包裹。氧压渣经碱性体系处理后得到的渣为铁矾分解渣。碱性体系在不同条件下产生的铁矾分解渣样品 XRD 物相表征结果可作为氧压渣中铁矾是否分解彻底的判断依据。

针对碱性体系在不同条件下产生的铁矾分解渣样品，采用 EP-1 提金体系，在 EP-1 浓度 3 g/L、温度 30℃、pH 11.0~11.5、时间 4 h、液固比 L/S 为 4、活性炭浓度为 40 g/L、搅拌速度 400 r/min 和空气流量 2.5 L/min 的条件下开展浸金实验，铁矾分解渣样品金浸出率变化趋势可作为氧压渣碱性体系铁矾分解优化条件的选择依据。

4.3.1 pH 影响

以氧压渣为原料，添加石灰乳调节 pH。在温度 50℃、时间 3 h、液固比 L/S 为 4、搅拌速度 300 r/min 的条件下，分别考察了铁矾分解工序 pH 为 8.0~9.0、9.0~10.0、10.0~11.0 和 11.0~12.0 时对氧压渣中铁矾分解效果的影响。不同 pH 条件下铁矾分解渣样品的 XRD 结果如图 4-2 所示。

由图 4-2 可知，当铁矾分解工序 pH 分别为 8.0~9.0、9.0~10.0、10.0~11.0 时，铁矾分解渣中铁矾对应衍射峰变化较小。铁矾分解工序 pH 数值越大，溶液中氢氧根浓度越高。当 pH 为 11.0~12.0 时，铁矾分解渣中铁矾衍射峰强度明显减弱，表明较高 pH 有利于铁矾分解。随着铁矾分解工序 pH 升高，二氧化硅衍射峰强度变化较小，在 pH 为 11.0~12.0 条件下，有新的硫酸钙衍射峰出现。铁矾分解工序通过添加石灰乳调节溶液 pH，氢氧化钙与铁矾反应生成硫酸钙和氢氧化铁，铁矾分解越彻底，硫酸钙产量就越多，故在 pH 为 11.0~12.0 时有新的硫酸钙衍射峰出现。

采用 EP-1 提金体系，在 EP-1 浓度 3 g/L、温度 30℃、pH 11.0~11.5、时间 4 h、液固比 L/S 为 4、活性炭浓度 40 g/L、搅拌速度 400 r/min 和空气流量 2.5 L/min 的浸出条件下，考察了铁矾分解工序不同 pH 条件下铁矾分解渣样品的金浸出率，结果如图 4-3 所示。由图 4-3 可知，随着铁矾分解工序 pH 升高，铁矾分解渣的金浸出率逐渐升高。当铁矾分解工序 pH 在 8.0~9.0 时，EP-1 体系铁矾分解渣中金浸出率为 81.5%。继续升高 pH 至 11.0~12.0 时，EP-1 体系铁矾分解渣中金浸出率达 85.4%。综上所述，当氧压渣碱性体系铁矾分解工序 pH 在 11.0~12.0 时，铁矾分解渣中铁矾衍射峰强度明显减弱，金浸出率最高，铁矾分解工序控制 pH 在 11.0~12.0 时较为合适。

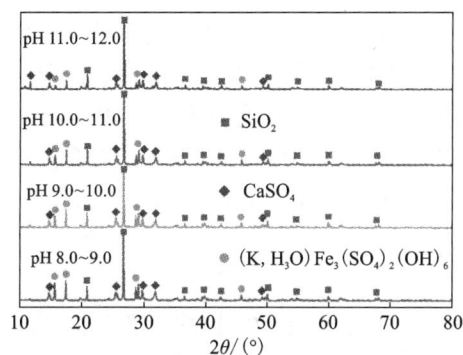

图 4-2　不同 pH 条件下铁矾分解渣样品的 XRD 图谱

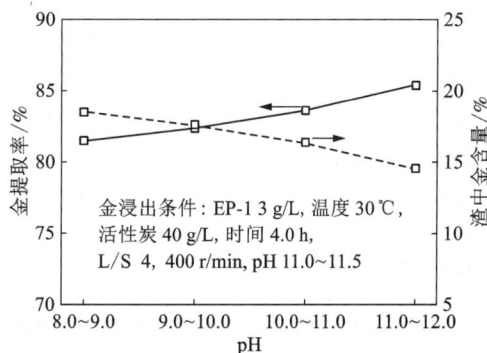

图 4-3　不同 pH 条件下铁矾分解渣样品的金浸出率（EP-1 提金体系）

4.3.2　搅拌速度影响

以氧压渣为原料，在温度 50℃、时间 3 h、液固比 L/S 为 4、pH 11.0~12.0 的条件下，分别考察了铁矾分解工序搅拌速度为 300 r/min、350 r/min、400 r/min 和 450 r/min 对铁矾分解效果的影响。不同搅拌速度条件下铁矾分解渣样品的 XRD 结果如图 4-4 所示。

由图 4-4 可知，随着铁矾分解工序搅拌速度的加快，二氧化硅和硫酸钙衍射峰强度变化较小，铁矾衍射峰强度有逐渐下降趋势，未出现新的衍射峰。采用 EP-1 提金体系，在 EP-1 浓度 3 g/L、温度 30℃、pH 11.0~11.5、时间 4 h、液固比 L/S 为 4、活性炭浓度为 40 g/L、搅拌速度 400 r/min 和空气流量 2.5 L/min 的浸出条件下，考察了不同搅拌速度条件下铁矾分解渣样品的金浸出率，结果如图 4-5 所示。

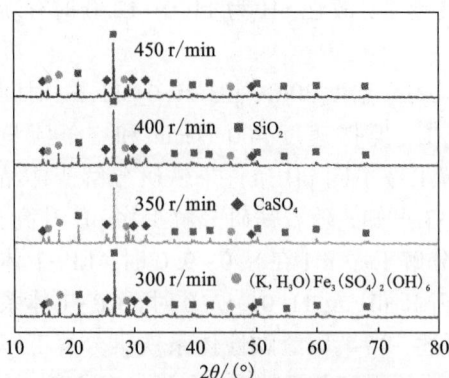

图 4-4　不同搅拌速度条件下铁矾
分解渣样品的 XRD 图谱

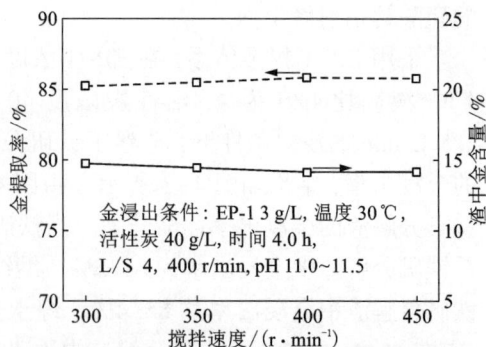

图 4-5　不同搅拌速度条件下铁矾分解渣
样品的金浸出率(EP-1 提金体系)

由图 4-5 可知,随着铁矾分解工序搅拌速度的加快,铁矾分解渣样品中金浸出率缓慢提高但幅度较小。当铁矾分解工序中搅拌速度为 300 r/min 时,铁矾分解渣中样品的金浸出率为 85.3%。当铁矾分解工序搅拌速度分别升高至 400 r/min 和 450 r/min 时,铁矾分解渣样品中金浸出率分别为 85.9% 和 85.8%。结合能耗和金浸出率考虑,铁矾分解工序选取搅拌速度 400 r/min 为优化条件。

4.3.3　液固比影响

以氧压渣为原料,在温度 50℃、时间 3 h、pH 11.0~12.0、搅拌速度 400 r/min 的条件下,分别考察了铁矾分解工序液固比 L/S 为 4、5、6 和 7 时对铁矾分解效果的影响。不同液固比条件下铁矾分解渣样品的 XRD 结果如图 4-6 所示。

由图 4-6 可知,随着铁矾分解工序液固比增加,二氧化硅、硫酸钙和铁矾衍射峰强度变化较小,未出现新的衍射峰。图 4-6 中硫酸钙衍射峰强度较图 4-4 中高,推测是由于调节 pH 时石灰乳加入量有差异或原料中硫酸盐含量波动。采用 EP-1 提金体系,在 EP-1 浓度 3 g/L、温度 30℃、pH 11.0~11.5、时间 4 h、液固比 L/S 为 4、活性炭浓度 40 g/L、搅拌速度 400 r/min 和空气流量 2.5 L/min 的浸出条件下,考察了碱性体系氧压渣在不同液固比条件铁矾分解渣样品的金浸出率,结果如图 4-7 所示。

由图 4-7 可知,随着铁矾分解工序液固比逐渐增大,铁矾分解渣中样品的金浸出率缓慢上升。当铁矾分解工序液固比 L/S 为 4 时,铁矾分解渣中样品的金浸出率为 85.4%。当铁矾分解工序液固比分别升高至 6 和 7 时,铁矾分解渣中样品金浸出率分别为 86.1% 和 86.3%。铁矾分解工序液固比过大,易导致耗水量增加和生产能力下降。综合考虑耗水量和氧压渣处理量,铁矾分解工序选取液固比 L/S 为 4 为优化条件。

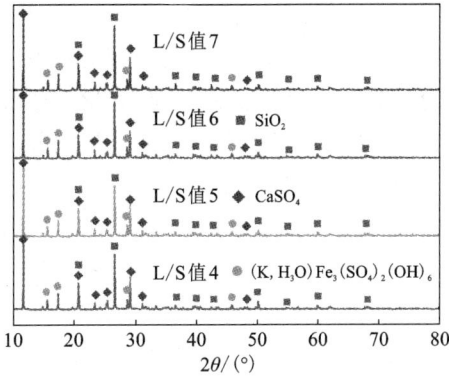

图 4-6　不同液固比条件下铁矾分解渣
样品的 XRD 图谱

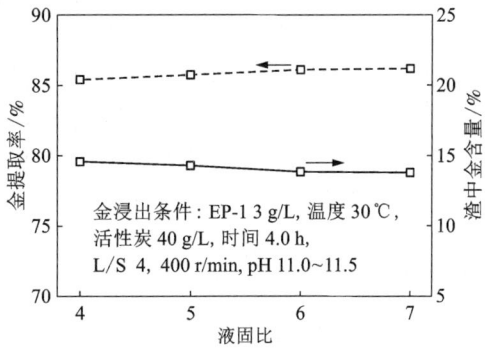

图 4-7　不同液固比条件下铁矾分解渣
样品的金浸出率（EP-1 提金体系）

4.3.4　温度影响

以氧压渣为原料，在时间 3 h、pH 11.0~12.0、液固比 L/S 为 4、搅拌速度 400 r/min 的条件下，考察了铁矾分解工序温度分别为 60℃、70℃、80℃和 90℃时对铁矾分解效果的影响。不同温度条件下得到的铁矾分解渣样品的 XRD 结果如图 4-8 所示。

由图 4-8 可知，随着铁矾分解工序温度升高，二氧化硅和硫酸钙衍射峰峰强度变化较小，铁矾衍射峰逐渐降低。当铁矾分解工序温度为 90℃时，铁矾分解渣中铁矾衍射峰消失。采用 EP-1 提金体系，在 EP-1 浓度 3 g/L、温度 30℃、pH 11.0~11.5、时间 4 h、液固比 L/S 为 4、活性炭浓度 40 g/L、搅拌速度 400 r/min 和空气流量 2.5 L/min 的浸出条件下，考察了不同温度条件下铁矾分解渣样品的金浸出率，结果如图 4-9 所示。

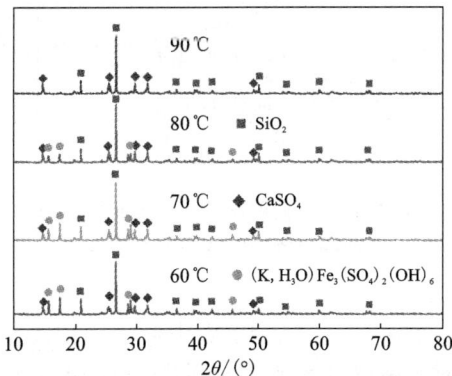

图 4-8　不同温度条件下铁矾分解渣
样品的 XRD 图谱

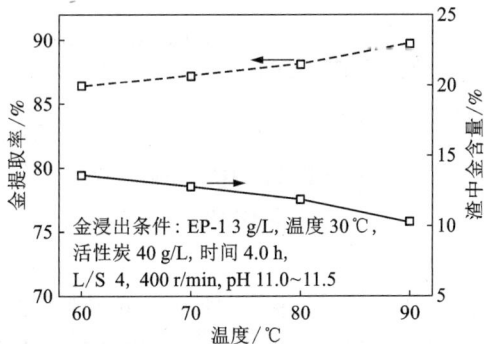

图 4-9　不同温度条件下铁矾分解渣样品的
金浸出率（EP-1 提金体系）

由图 4-9 可知，随着铁矾分解工序温度的升高，铁矾分解渣中样品的金浸出率逐渐上升。当铁矾分解工序温度为 60℃时，铁矾分解渣中金浸出率为 86.4%。当温度分别升高至 80℃和 90℃时，铁矾分解渣中金浸出率分别为 88.1% 和 89.7%。卡林型金精矿酸性加压氧化预处理过程温度约为 225℃，充分利用降温过程产生的余热，无需额外加热即可维持铁矾分解工序的反应温度。综合考虑铁矾分解渣中金浸出率，铁矾分解工序选取温度 90℃为优化条件。

4.3.5　时间影响

以氧压渣为原料，在 pH 11.0~12.0、液固比 L/S 为 4、搅拌速度 300 r/min 和温度 90℃的条件下，考察了时间分别为 1 h、2 h、3 h 和 4 h 时对铁矾分解效果的影响。不同温度条件下随时间变化得到的铁矾分解渣样品的 XRD 结果如图 4-10 所示。

由图 4-10 可知，随着铁矾分解时间由 1 h 延长至 2 h，二氧化硅和硫酸钙的衍射峰强度变化较小，铁矾衍射峰的强度逐渐减小。当铁矾分解时间延长至 3 h 时，铁矾衍射峰完全消失。继续延长铁矾分解时间延长至 4 h，有氢氧化锰钙的衍射峰出现。采用 EP-1 提金体系，在 EP-1 浓度 3 g/L、温度 30℃、pH 11.0~11.5、时间 4 h、液固比 L/S 为 4、活性炭浓度 40 g/L、搅拌速度 400 r/min 和空气流量 2.5 L/min 的浸出条件下，考察了不同时间条件下铁矾分解渣样品的金浸出率，结果如图 4-11 所示。

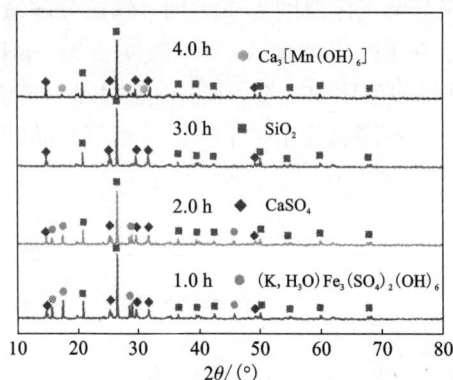

图 4-10　不同时间铁矾分解渣样品
的 XRD 图谱

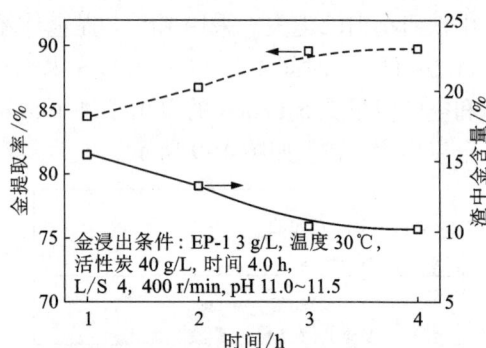

图 4-11　不同时间铁矾分解渣样品的
金浸出率(EP-1 提金体系)

由图 4-11 可知，随着铁矾分解工序时间增加，铁矾分解渣中样品的金浸出率逐渐上升。当铁矾分解工序时间为 1 h 时，铁矾分解渣中金浸出率为 84.5%。当温度分别升高至 2 h 和 3 h 时，铁矾分解渣中金浸出率分别为 86.7% 和 89.6%。

继续延长铁矾分解过程时间至 4 h 时，铁矾分解渣中金浸出率为 89.8%，变化较小。结合图 4-10 可知，铁矾分解工序时间为 3 h 时，铁矾分解渣中已无铁矾衍射峰。铁矾分解工序时间过长，会导致能耗增加和生产周期变长。综合考虑，铁矾分解工序选取时间为 3 h 为优化条件。

综上所述，铁矾分解工序的优化工艺条件如下所示：pH 11.0~12.0、液固比 L/S 为 4、搅拌速度 300 r/min、温度 90℃ 和分解时间 3 h。

4.4 铁矾分解渣工艺矿物学表征

4.4.1 微区分析及金赋存物相分配行为

以氧压渣为原料，在 pH 11.0~12.0、液固比 L/S 为 4、搅拌速度 300 r/min、温度 90℃ 和分解时间 3 h 的优化条件下所得铁矾分解渣的化学成分分析结果如表 4-1 所示。

表 4-1 铁矾分解渣化学成分分析

元素	Fe	As	C	Ca	SiO$_2$	Zn	Mn	Mg	S
质量分数/%	8.62	1.25	4.23	13.64	21.61	0.0062	0.27	0.41	8.42

由表 4-1 可知，铁矾分解渣中 SiO$_2$、Fe、S 和 Ca 含量相对较高，分别为 21.61%、8.62%、8.42% 和 13.64%，存在少量 As、Mg 和 Mn 等，含量分别为 1.25%、0.41% 和 0.27%。铁矾分解渣中碳含量达 4.23%，其中有机碳含量达 4.06%，对比表 3-6 所示氧压渣中碳含量可知，铁矾分解工序不能有效实现碳的脱除。

图 4-12 为铁矾分解渣的 SEM-EDS 图。图中数字 7 所示区域硅和氧原子数量占比分别为 20.89% 和 75.76%，表明数字 7 所示区域主要物相为 SiO$_2$。图中数字 8 所示区域铁和氧原子数量占比分别为 16.79% 和 71.21%，表明数字 8 所示区域主要物相为 Fe$_2$O$_3$。图中数字 9 所示区域铁、硅、钙和氧原子数量占比分别为 4.77%、11.16%、5.28% 和 78.18%，表明数字 9 所示区域主要物相为 CaSO$_4$、SiO$_2$ 和 Fe$_2$O$_3$ 的混合物。由 SEM 图可知，图中数字 8 和数字 9 所示区域表面较为松散，利于浸出剂与金接触反应。铁矾分解渣中铁和硫分布相对较为均匀，仍存在少量钙局部富集情况。在铁矾分解工序中，由于氢氧化钙的碱性和溶解度均较氢氧化铁高，铁矾可与氢氧化钙反应生成硫酸钙和氢氧化铁等产物。结合图 3-22 可知，氧压渣和铁矾分解渣中的硅均呈聚集状态，表明酸性加压氧化预

处理和铁矾分解工序对二氧化硅均影响较小。

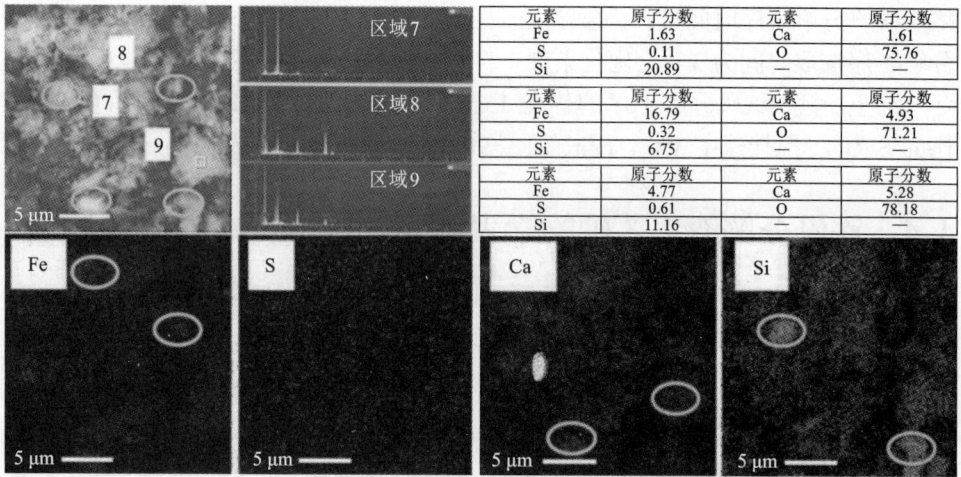

元素	原子分数	元素	原子分数
Fe	1.63	Ca	1.61
S	0.11	O	75.76
Si	20.89	—	—

区域7

元素	原子分数	元素	原子分数
Fe	16.79	Ca	4.93
S	0.32	O	71.21
Si	6.75	—	—

区域8

元素	原子分数	元素	原子分数
Fe	4.77	Ca	5.28
S	0.61	O	78.18
Si	11.16	—	—

区域9

图 4-12　铁矾分解渣的 SEM-EDS 图

铁矾分解渣中不同矿物形态的 SEM-EDS 结果如图 4-13 所示。图 4-13(a) 中铁、钙、硫、硅和氧原子数量占比分别为 0.16%、0.09%、0.32%、32.79% 和 66.63%，表明图 4-13(a) 中主要物相为 SiO_2。图 4-13(b) 中铁、钙、硫、硅和氧原子数量占比分别为 19.64%、0.04%、13.25%、1.16% 和 65.91%，推测图 4-13(b) 中主要物相为 $(K,H_3O)Fe_3(SO_4)_2(OH)_6$。图 4-13 中矿物表面相对光滑致密，不利于浸出剂渗透进入矿物中与目标金属反应。

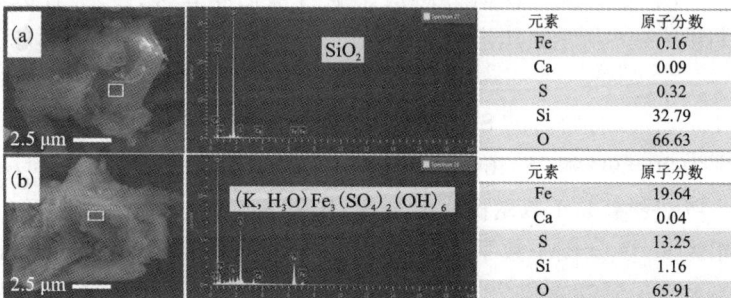

元素	原子分数
Fe	0.16
Ca	0.09
S	0.32
Si	32.79
O	66.63

元素	原子分数
Fe	19.64
Ca	0.04
S	13.25
Si	1.16
O	65.91

图 4-13　不同矿物形态的 SEM-EDS 图

铁矾分解渣中金物相分布结果如表 4-2 所示。铁矾分解渣中裸露金占总金比达 89.66%，而铁矾包裹金占总金比由氧压渣中 9.59% 降低至 1.28%，表明铁矾分解工序可有效打开铁矾对金的包裹。氧压渣中硅酸盐包裹金含量占总金比为

6.20%，而铁矾分解渣中硅酸盐包裹金含量占总金比为 5.41%，说明铁矾分解工序对硅酸盐包裹金影响不大。卡林型金精矿酸性加压氧化预处理-铁矾分解工序金物相分布演变规律如图 4-14 所示。

表 4-2　铁矾分解渣中金物相分布

物相	裸露金	铁矾包裹金	硫酸钙包裹金	硫化物包裹金	硅酸盐包裹金	总金
含量/$(g \cdot t^{-1})$	18.90	0.27	0.59	0.18	1.14	21.08
占比/%	89.66	1.28	2.80	0.85	5.41	100

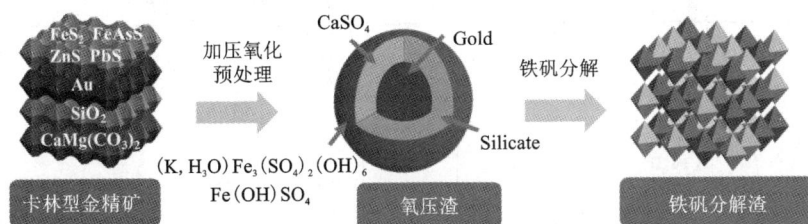

图 4-14　卡林型金精矿酸性加压氧化预处理-铁矾分解工序金物相分布演变规律

4.4.2　元素化学状态解析

铁矾分解渣表面铁、砷、硫的元素化学状态分析结果如图 4-15 所示，相关参考文献如表 4-3 所示。在 709.7 eV 和 711.0 eV 处分别检测出 Fe(Ⅱ)峰和 Fe(Ⅲ)峰，依据峰值区域面积计算可知其含量分别为 10.04% 和 89.96%。在 43.95 eV 和 44.30 eV 处分别检测出 As(Ⅲ)峰和 As(Ⅴ)峰，依据峰值区域面积计算可知其含量分别为 26.39% 和 73.61%。169.34 eV 对应 SO_4^{2-} 的峰值，依据峰值区域面积计算可知其含量为 100%。硫的形态与氧压渣中硫的形态一致。铁矾分解渣中 Fe(Ⅲ)峰和 As(Ⅴ)峰含量高于氧压渣，部分 Fe(Ⅱ)峰和 As(Ⅲ)峰在铁矾分解工序被空气中的氧气氧化。

表 4-3　不同化学状态的峰值和相关参考文献

结合能/eV	化学状态	参考文献
709.7	Fe^{2+}	Beamson et al., 1991; Descostes et al., 2001; Descostes et al., 2000

续表4-3

结合能/eV	化学状态	参考文献
711.0	Fe^{3+}	Beamson et al., 1991；Descostes et al., 2001；Descostes et al., 2000
169.34	SO_4^{2-}	Brion, 1980；Descostes et al., 2001；Guo et al., 2020
43.50	As^{3+}	Brion, 1980；Wagner, 1990；Descostes et al., 2001
44.93	As^{5+}	Brion, 1980；Descostes et al., 2001；Wagner et al., 1990

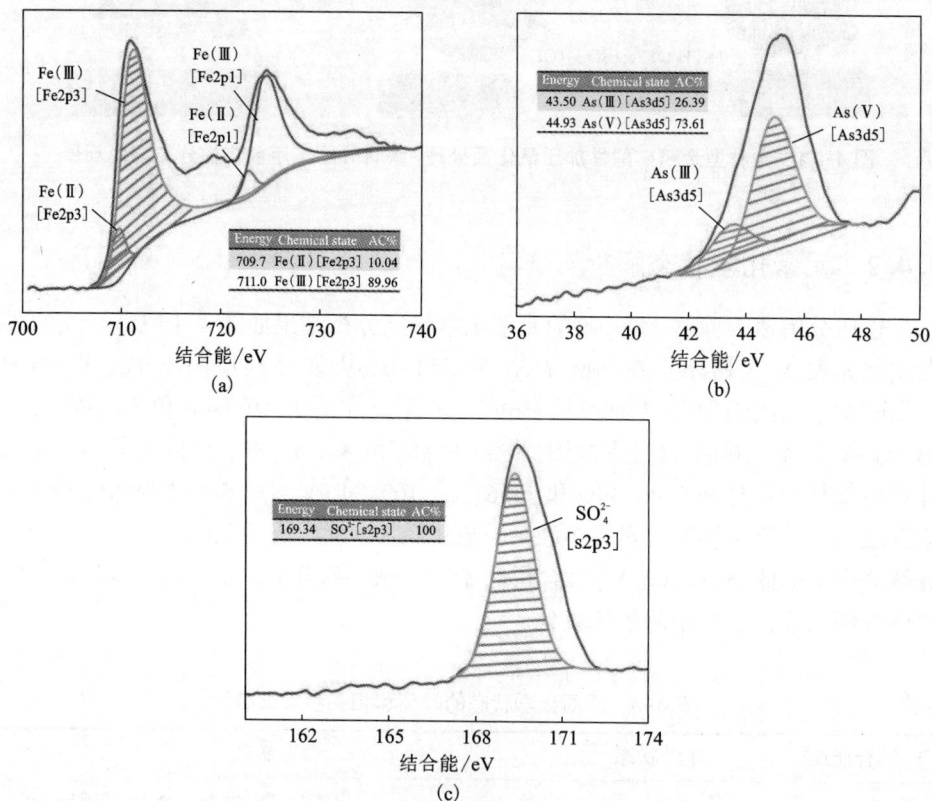

图 4-15 铁矾分解渣表面铁、砷、硫的 XPS 图谱

4.5　本章小结

本章针对铁矾矿物对金的二次包裹难题，开展了氧压渣碱性体系铁矾分解研究，揭示了铁矾分解机理，构建了碱性体系氧压渣中铁矾分解精准调控机制。主要结果和结论如下：

（1）明确了碱性体系铁矾分解优化工艺条件。在适宜 pH 条件下，铁矾可与氢氧化钙反应生成硫酸钙、硫酸钠、硫酸钾和氢氧化铁等物质。在 pH 11.0～12.0、液固比 L/S 为 4、搅拌速度 300 r/min、时间 3 h 和温度 90℃的优化条件下，铁矾分解渣 XRD 物相中未检测到铁矾衍射峰，表明碱性体系可实现氧压渣中铁矾高效分解。

（2）厘清了 EP-1 体系不同铁矾分解条件对金提取率的影响。以优化条件所得铁矾分解渣为原料，在 EP-1 浓度 3 g/L、温度 30℃、时间 4 h、液固比 L/S 为 4、活性炭浓度 40 g/L、搅拌速度 400 r/min 和空气流量 2.5 L/min 的浸金条件下，铁矾分解渣中金浸出率可达 89.6%，表明碱性体系铁矾分解工序可有效提高金浸出率。

（3）明晰了铁矾分解渣矿相特征及金赋存物相分布规律。铁矾分解渣主要物相为氢氧化锰钙、硫酸钙和二氧化硅。碱性体系铁矾分解工序可有效打开铁矾对金的包裹，对硅酸盐包裹金影响较小。铁矾分解过程生成的硫酸钙可对金形成二次包裹，致使硫酸钙包裹金含量略微上升。

第 5 章　铁矾分解渣非氰体系提金研究

5.1　引言

　　一个多世纪以来，氰化物作为一种黄金浸出剂广泛应用于世界各地黄金冶炼厂，氰化物是一种剧毒的试剂，若管理不善，易造成潜在的环境危害。《国家危险废物名录》将氰化废水处理获得的氰化尾矿和污泥归类为无机氰化物废物。依据我国环境保护税法，这类危险固体废物需征收一定环保费用，传统氰化法黄金冶炼企业面临严峻的挑战。硫脲和多硫化钠作为非氰浸金剂，具有浸金速度快和环境友好等优点。基于黄金冶炼企业采用氰化法时环境污染严重问题，结合国家生态环境部指导政策，本章拟开展铁矾分解渣硫脲体系和多硫化钠体系提金研究，实现铁矾分解渣中金的高效清洁提取。

5.2　活性炭选型研究

　　卡林型金精矿属典型微细粒浸染型难处理金矿，含一定量的有机碳，常见的有机碳多为腐植质和烃类物质。卡林型金精矿经酸性加压氧化预处理-碱性体系铁矾分解后，渣中有机碳仍对金有吸附作用，致使溶液中的部分金离子被有机碳吸附进入渣中，出现有机碳"劫金"现象，不利于金的高效回收。为提高金的回收率，采用炭浸法(CIL)时浸出过程中可添加吸附性能更强的活性炭，与渣中的有机碳竞争吸附，使浸出与吸附同时进行，以实现金的高效回收。

5.2.1　活性炭吸附机理解析

　　活性炭主要为无定型炭或者微晶形炭，结构与石墨相似，是由多环芳香族环组成的层面晶格。微晶形炭中层与层排列结构不规则，形成乱层结构，多个乱层结构的炭组合在一起则称为基本结晶。基本结晶大小与炭化温度相关，不同基本结晶间形成孔隙，易吸附溶液中金离子，石墨层结构与微晶形炭的乱层结构主要结构对比如图 5-1 所示。

　　活性炭在制备过程中，部分无组织的炭成分易被消耗，基本结晶间形成大量形态不一的孔隙。孔隙内壁的总面积通常被称为表面积，多用来衡量吸附容量的

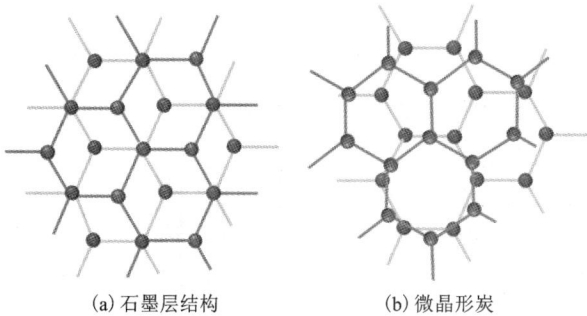

(a) 石墨层结构　　　　(b) 微晶形炭

图 5-1　活性炭结构对比图

大小。依据孔隙体积的大小，可将活性炭的孔隙分为大孔、过渡孔和微孔。孔隙大小对活性炭吸附容量影响较大，当吸附物质的分子直径大于孔隙直径时，吸附物质无法进入活性炭孔隙中。活性炭孔隙分布图如图 5-2 所示。活性炭吸附能力大小一般用碘值来表示，碘值越高，吸附能力就越强。活性炭的碘值一般为 400~1300 mg/g。

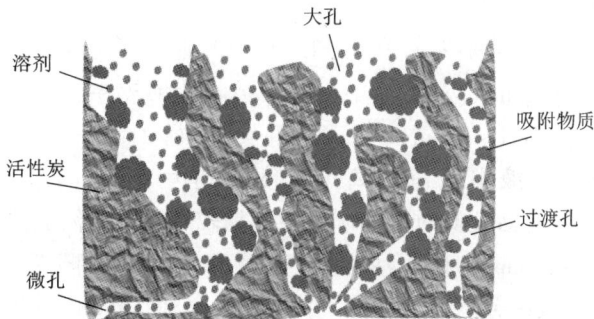

图 5-2　活性炭的孔隙分布图

5.2.2　活性炭选型优化实验

以优化条件下所得铁矾分解渣作为原料，在浸出过程中添加不同规格活性炭，采用炭浸法（CIL），在温度 30℃、活性炭浓度 60 g/L、液固比 L/S 为 3、反应时间 2 h、搅拌速度 300 r/min、空气流量 2.5 L/min、EP-1 浓度为 3 g/L 的条件下，考察了不同活性炭规格对浸出液中金离子含量和浸出渣中金含量的影响，实验结果分别如图 5-3 和图 5-4 所示。

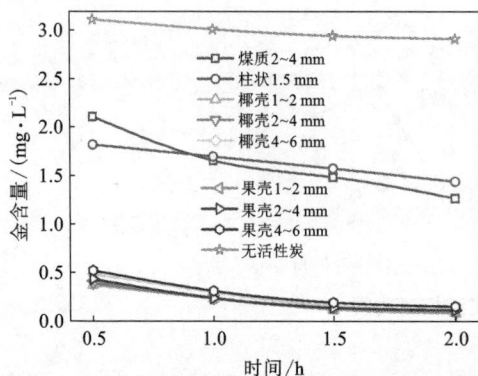

图 5-3　不同类型活性炭浸出溶液中金含量
随时间变化趋势

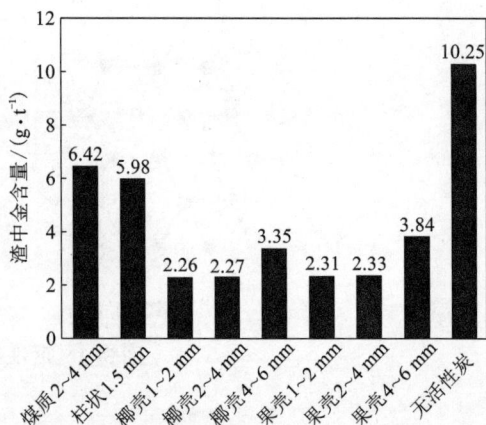

图 5-4　不同规格活性炭炭浸法浸出 2 h 后
浸出渣中金含量

由图 5-3 可知，在不添加活性炭条件下，溶液中金离子有缓慢下降趋势，这是浸出过程中铁矾分解渣中残留的有机碳吸附溶液中的金离子所致。在炭浸法进行 2 h 后，添加煤质活性炭（直径 2~4 mm）和柱状活性炭（直径 1.5 mm）的浸出液中残留金离子质量浓度分别为 1.31 mg/L 和 1.43 mg/L，煤质活性炭（2~4 mm）和柱状活性炭（直径 1.5 mm）对溶液中金离子吸附效果较差。采用炭浸法 2 h 后，添加果壳活性炭（直径 1~2 mm）、果壳活性炭（直径 2~4 mm）和果壳活性炭（直径 4~6 mm）的浸出液中残留金离子浓度分别为 0.11 mg/L、0.12 mg/L 和 0.15 mg/L，上述果壳活性炭对金离子吸附效果较好。采用炭浸法 2 h 后，添加椰壳活性炭（直径 1~2 mm）、椰壳活性炭（直径 2~4 mm）和椰壳活性炭（直径 4~6 mm）的浸出液中残留金离子浓度分别为 0.06 mg/L、0.08 mg/L 和 0.11 mg/L，椰壳活性炭对金离子吸附效果较果壳活性炭好。虽然椰壳活性炭（1~2 mm）对金离子的吸附效果最好，但活性炭粒径较小，部分破碎细炭会夹杂进入浸出渣中，不利于活性炭与矿浆高效分离，致使部分金的流失。综上所述，炭浸法提金过程中选择椰壳活性炭（直径 2~4 mm）作为浸金过程添加的活性炭。

由图 5-4 可知，EP-1 体系铁矾分解渣提金过程中不添加活性炭，浸出渣中金含量高达 10.25 g/t。EP-1 体系铁矾分解渣提金过程中添加煤质活性炭（直径 2~4 mm）和柱状活性炭（直径 1.5 mm），用炭浸法浸出 2 h 后，浸出渣中金含量分别为 6.42 g/t 和 5.98 g/t。添加果壳活性炭（直径 1~2 mm）、果壳活性炭（直径 2~4 mm）和果壳活性炭（直径 4~6 mm），用炭浸法浸出 2 h 后，浸出渣中金含量分别为 2.31 g/t、2.33 g/t 和 3.84 g/t。EP-1 体系铁矾分解渣提金过程中添加椰壳活性炭(直径 1~2 mm)、椰壳活性炭(直径 2~4 mm)和椰壳活性炭(直径 4~6 mm),用炭浸法浸出 2 h 后,浸出渣中金含量分别为 2.26 g/t、2.27 g/t 和 3.35 g/t。对比浸出渣中金含量结果差异,选取椰壳活性炭(直径 2~4 mm)作为炭浸法添加的活性炭,与图 5-3 分析结果一致。

5.2.3　活性炭微观形貌表征

不同类型的活性炭 SEM 形貌图如图 5-5 所示。由图 5-5 可知,煤质活性炭(2~4 mm)表面较为平整致密,柱状活性炭(直径 1.5 mm)表面有极少数细孔,椰壳活性炭(直径 1~2 mm)、椰壳活性炭(直径 2~4 mm)和椰壳活性炭(直径 4~6 mm)表面存在大量圆形孔径,果壳活性炭(直径 1~2 mm)、果壳活性炭(直径 2~4 mm)和果壳活性炭(直径 4~6 mm)表面存在大量不规则孔径。活性炭自身的吸附能力主要取决于孔隙结构和比表面积,孔隙结构越发达,比表面积越大,其吸附能力越好。

结合图 5-3 和图 5-4 中实验结果,对比图 5-5 中活性炭 SEM 图可知,在活性炭规格相同的条件下,椰壳活性炭吸附效果最好,这是由于椰壳活性炭表面孔隙结构较多。在活性炭类型相同的条件下,不论是椰壳活性炭还是果壳活性炭,其活性炭颗粒直径越小,吸附效果就越好,这是由于活性炭体积小而比表面积相对较大。实验测得椰壳活性炭(直径 2~4 mm)碘值为 1183 mg/g,表明椰壳活性炭(直径 2~4 mm)属于优良活性炭,可用于炭浸法工序。

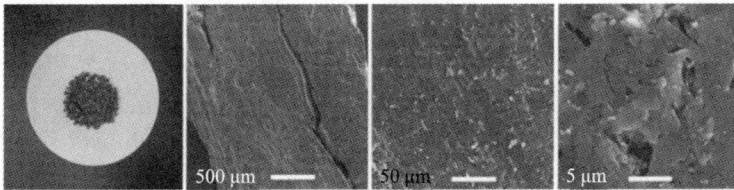

(a) 煤质活性炭(直径 2~4 mm)

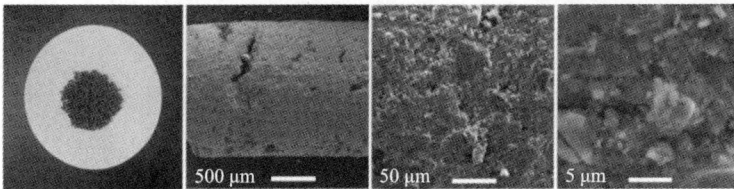

(b) 柱状活性炭(直径 1.5 mm)

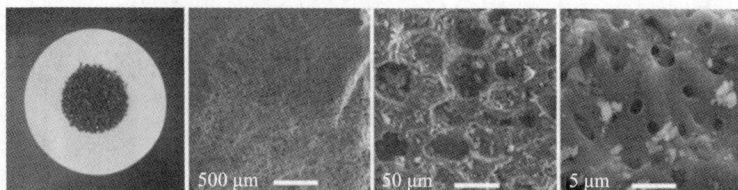

(c) 椰壳活性炭 (直径1~2 mm)

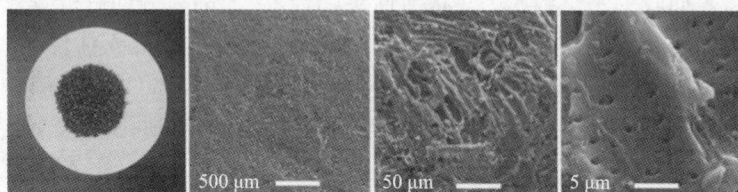

(d) 椰壳活性炭 (直径2~4 mm)

(e) 椰壳活性炭 (直径4~6 mm)

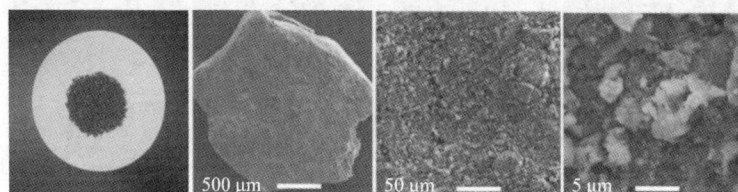

(f) 果壳活性炭 (直径1~2 mm)

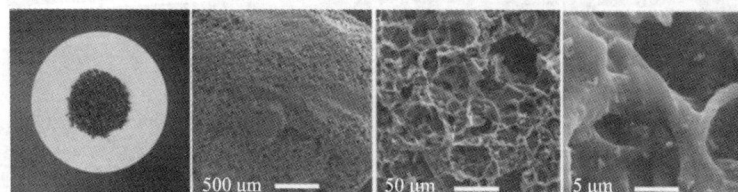

(g) 果壳活性炭 (直径2~4 mm)

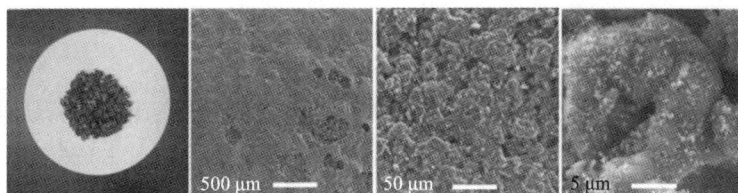

(h) 果壳活性炭 (直径 4~6 mm)

图 5-5　不同类型的活性炭 SEM 图

5.3　铁矾分解渣硫脲提金研究

5.3.1　硫脲提金机理解析

硫脲分子式为 $SC(NH_2)_2$，又名硫代尿素，分子量为 76.12，白色晶体。硫脲在酸性体系下稳定性较碱性体系高，酸性体系下硫脲可与金发生配合反应。硫脲提金过程 Eh-pH 图如图 5-6 所示。由图可知，硫脲浸出过程中，对溶液氧化还原电位区间要求严格，金溶出氧化还原电位区间较窄。金溶出电位为 0.38 V，溶液电位高于 0.42 V，TU 不稳定且容易生成二硫甲脒 $(SCN_2H_3)_2$，导致硫脲消耗量增加，提高生产成本，因此，硫脲浸金过程中需实时监控浸出过程溶液电位变化，精准控制电位，维持适宜氧化还原电位区间。

图 5-6　硫脲提金过程 Eh-pH 图

硫脲与金反应的标准电极电位如式 (5-1) 所示：

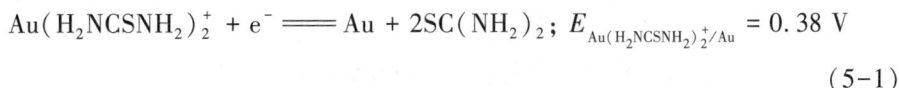

$$Au(H_2NCSNH_2)_2^+ + e^- \rel\mathop{=\!=\!=} Au + 2SC(NH_2)_2;\ E_{Au(H_2NCSNH_2)_2^+/Au} = 0.38\ V$$

$$(5-1)$$

硫脲浸金过程需要添加氧化剂来维持氧化气氛，而硫脲在高氧化电位条件下易分解为二硫甲脒，如式 (5-2) 所示：

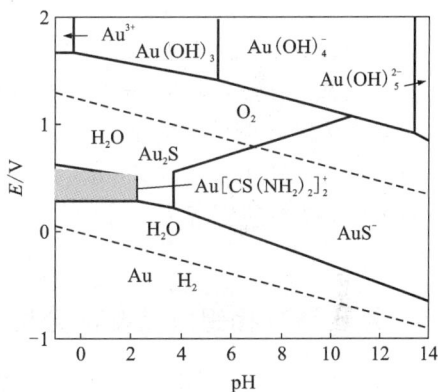

$$(SCN_2H_3)_2 + 2H^+ + 2e^- \mathop{=\!=\!=} 2SC(NH_2)_2;\ E_{(SCN_2H_3)_2/SC(NH_2)_2} = 0.42\ V \quad (5-2)$$

为了提高硫脲法浸金效率，应在硫脲浸金过程中适当添加 O_2 和 Fe^{3+} 等温和氧化剂，避免添加 $KMnO_4$ 等强氧化剂。硫脲在添加 O_2 和 Fe^{3+} 作为氧化剂的条件下与金反应的方程式如式(5-3)和式(5-4)所示：

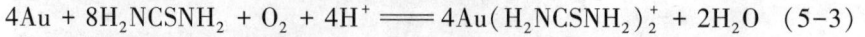

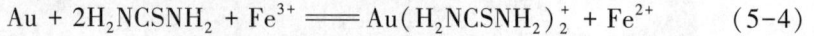

$$4Au + 8H_2NCSNH_2 + O_2 + 4H^+ \Longrightarrow 4Au(H_2NCSNH_2)_2^+ + 2H_2O \quad (5-3)$$

$$Au + 2H_2NCSNH_2 + Fe^{3+} \Longrightarrow Au(H_2NCSNH_2)_2^+ + Fe^{2+} \quad (5-4)$$

5.3.2 硫脲浓度影响规律

在反应时间 2 h、活性炭浓度 50 g/L、搅拌速度 400 r/min、温度 30℃、pH 1.3~1.5、空气流量 2 L/min、液固比 L/S 为 3 的条件下，开展了卡林型金精矿、氧压渣和铁矾分解渣不同硫脲浓度浸金实验，实验结果如图 5-7 所示。

当硫脲浓度为 4 g/L 时，卡林型金精矿、氧压渣和铁矾分解渣中金的浸出率分别为 7.9%、76.6% 和 85.7%，卡林型金精矿中金浸出率较低，酸性加压氧化预处理可有效提高金的浸出率。经过碱性体系铁矾分解后，铁矾分解渣中金浸出率较氧压渣可进一步提高 9.1%。实验结果表明，酸性加压氧化预处理和碱性体系铁矾分解均可有效提高硫脲体系金浸出率。

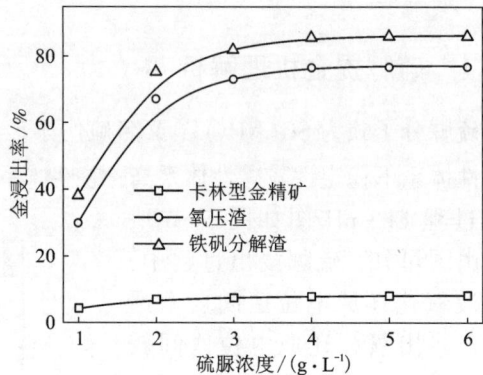

图 5-7　不同原料硫脲体系提金研究

5.3.3 浸出渣物相组成及微区分析

硫脲体系不同原料浸出渣 XRD 分析结果如图 5-8 所示。卡林型金精矿浸出渣主要物相为 FeS_2、$CaSO_4$ 和 SiO_2，其中碳酸盐衍射峰消失，黄铁矿衍射峰数量减少，有新的硫酸钙衍射峰出现。硫脲体系为硫酸体系，pH 为 1.3~1.5，在酸性条件下碳酸钙和碳酸镁等碳酸盐可与硫酸反应生成硫酸钙和硫酸镁等硫酸盐，硫酸钙微溶于水进入渣中。部分黄铁矿在酸性体系被溶液中的铁离子及溶解氧氧化，导致卡林型金精矿浸出渣中黄铁矿衍射峰数量减少。

图 5-9 为硫脲体系浸出渣(a)及铁矾分解渣(b)的 SEM-Mapping 图。由图 5-9 可知，铁矾分解渣硫脲体系浸出渣中有硫和钙高度重合区域，而铁矾分解渣中基本不存在类似现象。结合 XRD 图谱可知，图 5-9(a)中重合区域主要物相为硫酸钙，氧压渣碱性体系铁矾分解过程通过添加石灰乳调节 pH，体系引入钙离

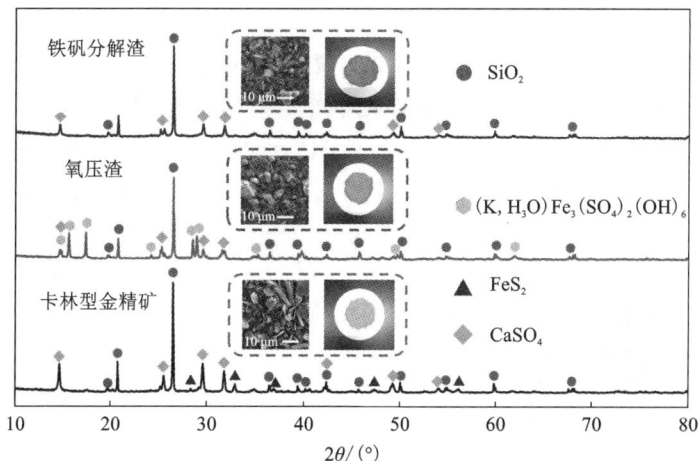

图 5-8　硫脲体系不同原料浸出渣 XRD 图谱

子，在酸性硫脲体系浸出过程中，钙离子与硫酸根离子结合生成微溶于酸的硫酸钙并沉淀。铁矾分解渣硫脲浸金过程中，浸出液中铁离子质量浓度超过 8 g/L，氧化还原电位接近 0.5 V，会加速硫脲氧化分解，增加硫脲试剂消耗。酸性尾液处理过程中，需加入石灰乳中和多余的酸，但会生成硫酸钙沉淀，增加尾渣产生量，导致经济成本增加。综上所述，酸性硫脲浸金体系会增加尾渣产生量和碱耗，铁矾分解渣浸出阶段应避免引入硫酸根离子，宜采用碱性浸金体系。

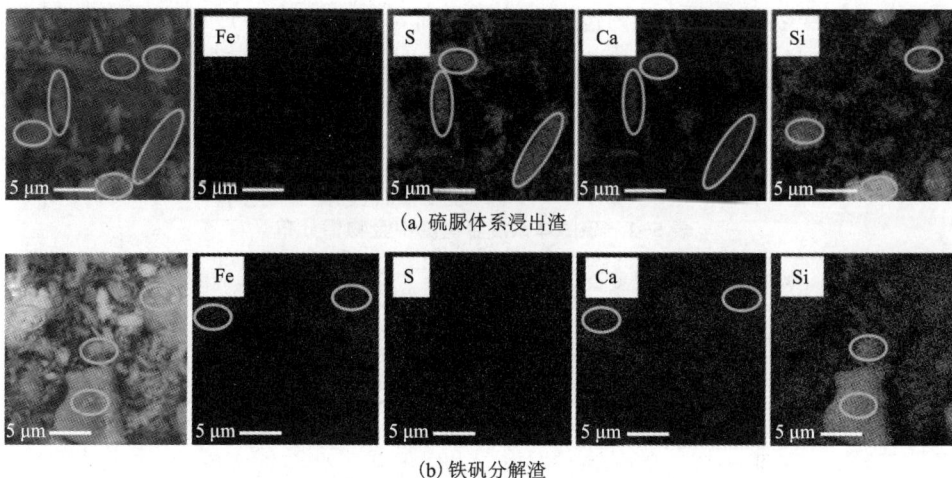

(a) 硫脲体系浸出渣

(b) 铁矾分解渣

图 5-9　不同样品 SEM-Mapping 图

5.3.4 浸出渣金赋存物相分配行为

图 5-10 为硫脲体系浸出渣 SEM-EDS 图。由 SEM-EDS 图可知，浸出渣颗粒表面较平滑致密。由区域 1 的 EDS 结果可知，该区域硫、钙、氧和硅原子数量占比分别为 13.02%、12.05%、74.00% 和 0.61%，推测区域 1 主要成分为硫酸钙。浸出渣颗粒表面有硫酸钙沉积，既不利于浸金剂与金充分接触，也不利于金的浸出。

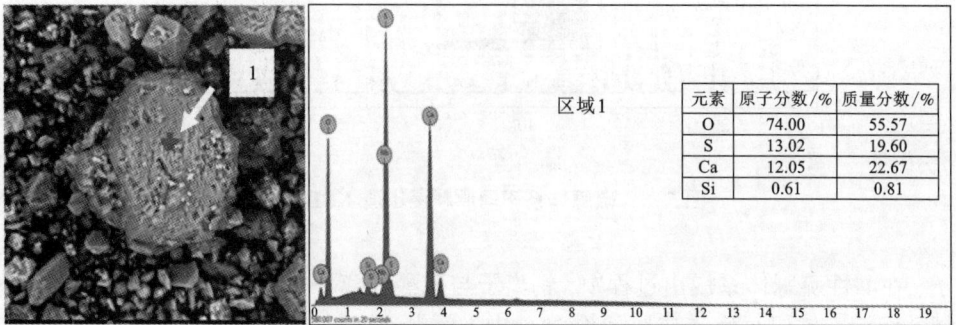

元素	原子分数/%	质量分数/%
O	74.00	55.57
S	13.02	19.60
Ca	12.05	22.67
Si	0.61	0.81

图 5-10 硫脲体系浸出渣 SEM-EDS 图

铁矾分解渣经硫脲体系浸出所得浸金尾渣中金物相分布结果如表 5-1 所示。硫脲浸金尾渣中硫酸钙包裹金和硅酸盐包裹金占总金比分别达 38.24% 和 37.58%，这两者包裹金含量占总金比较高。对比表 4-2 和表 5-1 可知，铁矾分解渣和硫脲浸金尾渣中硫酸钙包裹金含量分别为 0.59 g/t 和 1.17 g/t，硫脲浸金尾渣中硫酸钙包裹金含量增加。结合图 5-8、图 5-9 和图 5-10 可知，硫脲提金体系为酸性体系，硫脲提金过程中易生成硫酸钙并包覆在矿物表面，不利于金的提取。

表 5-1 硫脲体系浸金尾渣中金物相分布

物相	裸露金	铁矾包裹金	硫酸钙包裹金	硫化物包裹金	硅酸盐包裹金	总金
含量/($g \cdot t^{-1}$)	0.24	0.29	1.17	0.21	1.15	3.06
占比/%	7.84	9.48	38.24	6.86	37.58	100

5.4　铁矾分解渣多硫化钠提金研究

5.4.1　多硫化钠提金机理解析

图 5-11 为多硫化物的 Eh-pH 图。多硫化钠在碱性条件下是稳定的，但在有氧化剂存在条件下易被氧化分解为单质硫。多硫化钠是一种潜在的氧化剂，可以从高分子量的多硫化钠还原为低分子量的多硫化钠或硫化物。

图 5-12 为多硫化钠提取金的原理图。多硫化钠浸金体系中有效成分主要为 S_4^{2-} 和 S_5^{2-}，可与金反应生成稳定的五元环和六元环配合物，反应如式(5-5)和式(5-6)所示：

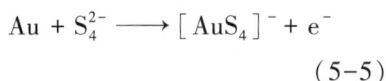

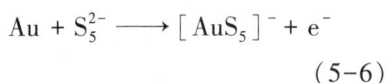

$$Au + S_4^{2-} \longrightarrow [AuS_4]^- + e^- \tag{5-5}$$

$$Au + S_5^{2-} \longrightarrow [AuS_5]^- + e^- \tag{5-6}$$

图 5-11　多硫化物 Eh-pH 图

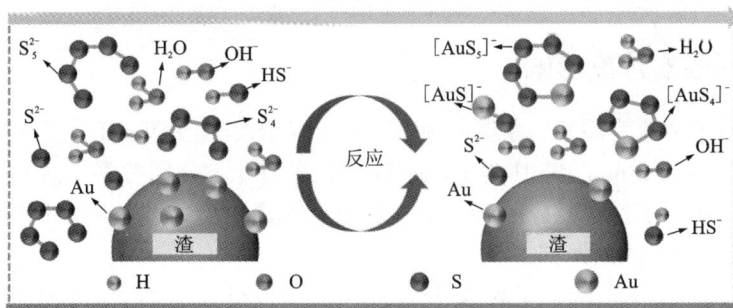

在多硫化钠体系中，硫原子通过共享电子对相互连接，形成多硫化物离子(S_x^{2-})。该离子在提金过程中具有氧化和配位双重功能，反应如式(5-7)至式(5-10)所示：

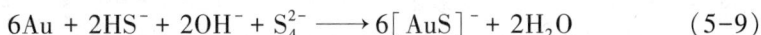

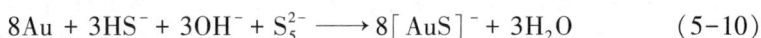

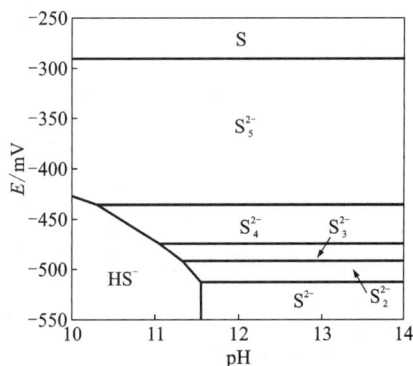

$$6Au + 2S^{2-} + S_4^{2-} \longrightarrow 6[AuS]^- \tag{5-7}$$

$$8Au + 3S^{2-} + S_5^{2-} \longrightarrow 8[AuS]^- \tag{5-8}$$

$$6Au + 2HS^- + 2OH^- + S_4^{2-} \longrightarrow 6[AuS]^- + 2H_2O \tag{5-9}$$

$$8Au + 3HS^- + 3OH^- + S_5^{2-} \longrightarrow 8[AuS]^- + 3H_2O \tag{5-10}$$

图 5-12　多硫化物浸金示意图

氢氧化钠可与单质硫发生歧化反应生成亚稳态物质,包括多硫化物离子(S_x^{2-})和硫代硫酸盐($S_2O_3^{2-}$)。Au 与 S_x^{2-} 在溶液中形成配合物,反应如式(5-11)至式(5-13)所示:

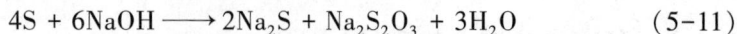

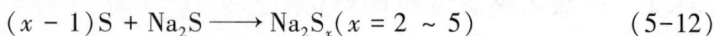

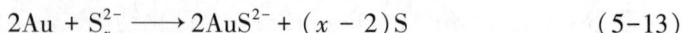

$$4S + 6NaOH \longrightarrow 2Na_2S + Na_2S_2O_3 + 3H_2O \qquad (5-11)$$

$$(x-1)S + Na_2S \longrightarrow Na_2S_x(x = 2 \sim 5) \qquad (5-12)$$

$$2Au + S_x^{2-} \longrightarrow 2AuS^{2-} + (x-2)S \qquad (5-13)$$

5.4.2 多硫化钠浓度影响

以铁矾分解渣为原料,在温度30℃、活性炭浓度50 g/L、液固比L/S为3、搅拌速度350 r/min 和 pH 为 10.5～11.5 的条件下,分别考察了多硫化钠浓度为3 g/L、6 g/L、9 g/L、12 g/L 和15 g/L 时铁矾分解渣中金浸出率随时间变化趋势,实验结果如图5-13所示。

由图5-13可知,多硫化钠浓度对金浸出率影响较大,金浸出率随着浸出时间增加而逐渐升高。当多硫化钠浓度为3 g/L 时,反应 120 min 后,金浸出率最高为42.3%。多硫化钠浓度升高至 9 g/L 时,反应90 min 后,金浸出率可达87.5%。继续升高多硫化钠浓度至 12 g/L 和 15 g/L 时,金浸出率变化较小。适当升高多硫

图 5-13 不同多硫化钠浓度对金浸出率的影响

化钠浓度可有效升高多硫化物离子(S_x^{2-})的浓度,提高金浸出率同时缩短反应时间。当多硫化钠浓度达到饱和状态时,继续升高多硫化钠浓度对金浸出率影响较小。考虑经济成本等因素,选择多硫化钠浓度9 g/L 为优化条件。

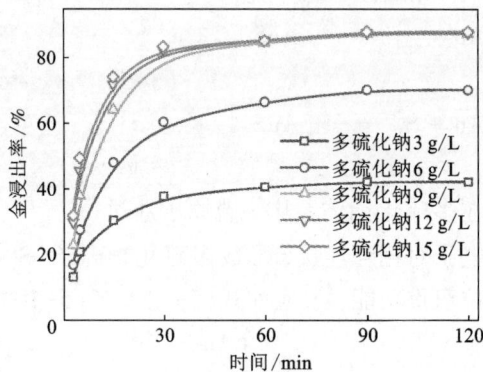

5.4.3 活性炭浓度影响

以铁矾分解渣为原料,在温度30℃、多硫化钠添加量9 g/L、液固比L/S为3、搅拌速度350 r/min 和 pH 为 10.5～11.5 的条件下,分别考察了活性炭浓度为0、20 g/L、40 g/L、60 g/L 和80 g/L 时铁矾分解渣中金浸出率随时间变化趋势,实验结果如图5-14所示。

由图5-14可知,活性炭浓度对金浸出率影响较大,当不添加活性炭时,金浸出率仅为50%左右。升高活性炭浓度至40 g/L 时,金浸出率可达87.6%。继续增加活性炭浓度至80 g/L 时,金浸出率变化较小。铁矾分解渣中有机碳含量达

4.06% 时，有机碳可吸附溶液中的金离子，出现"劫金"现象。渣中有机碳颗粒粒径较小时，无法与浸出渣有效分离，致使渣中金含量偏高。通过添加吸附性能更强的椰壳活性炭，与渣中的有机碳竞争吸附，溶液中金离子被椰壳活性炭吸附，可有效避免出现渣中有机碳"劫金"现象，降低渣中金含量，提高金回收率。综合考虑金回收率和经济成本等因素，选取活性炭浓度 40 g/L 为优化条件。

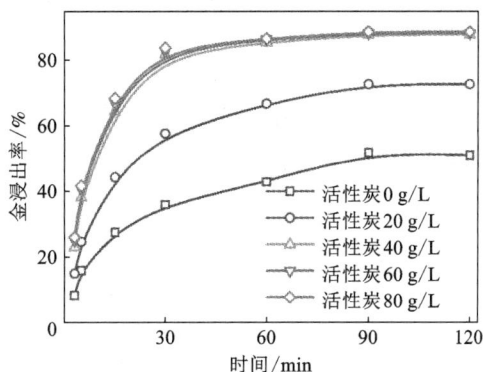

图 5-14　不同活性炭浓度对金浸出率的影响

5.4.4　搅拌速度影响

以铁矾分解渣为原料，在温度 30℃、多硫化钠添加量 9 g/L、液固比 L/S 为 3、活性炭浓度 40 g/L 和 pH 10.5~11.5 的条件下，分别考察了搅拌速度为 200 r/min、270 r/min、340 r/min、410 r/min 和 480 r/min 时铁矾分解渣中金浸出率随时间变化趋势，实验结果如图 5-15 所示。

由图 5-15 可知，当搅拌速度为 200 r/min 时，金浸出率在反应 90 min 后可达 86.5%。加快搅拌速度至 410 r/min 时，金浸出率在反应 90 min 时可达 87.7%。继续加快搅拌速度，金浸出率变化较小。多硫化钠体系浸金是典型的固液反应，加快搅拌速度有利于浸金剂与金接触反应，实现金的高效浸出。但过快的搅拌速度会导致能耗增加，因此选取搅拌速度 410 r/min 为优化条件。

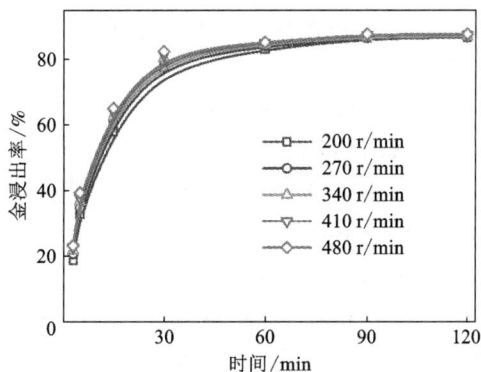

图 5-15　不同搅拌速度对金浸出率的影响

5.4.5　温度影响

以铁矾分解渣为原料，在多硫化钠添加量 9 g/L、液固比 L/S 为 3、搅拌速度 410 r/min、活性炭浓度 40 g/L 和 pH 10.5~11.5 的条件下，分别考察了温度为

15℃、25℃、30℃、35℃、45℃和55℃时铁矾分解渣中金浸出率随时间变化趋势，实验结果如图5-16所示。

由图5-16可知，在15℃至35℃时，金浸出率随着温度升高而逐渐升高，在温度35℃条件下反应90 min，金浸出率可达89.6%。升高温度可强化溶液传质过程，使分子热运动剧烈，利于多硫化钠与金接触反应，从而有效提高金浸出率，缩短反应时间。继续升高温度至55℃，在初始阶段可有效提高金浸出率，但多硫化钠在该温度下不稳定，部分多硫化钠会被氧化分解，有效浸金组分减少，导致金浸出率降低。综合考虑金浸出率和能耗，选取反应温度35℃为优化条件。

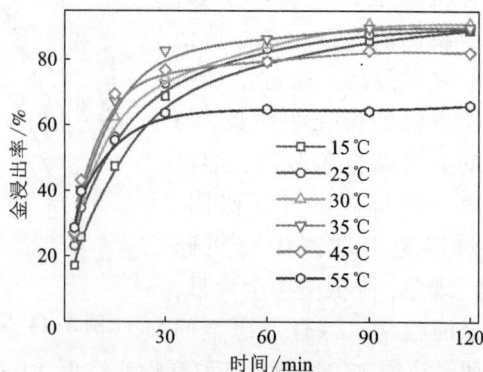

图5-16 不同温度对金浸出率的影响

5.4.6 液固比影响

以铁矾分解渣为原料，在温度35℃、多硫化钠添加量9 g/L、活性炭浓度40 g/L、搅拌速度410 r/min和pH为10.5~11.5的条件下，分别考察了液固比L/S为2、3、4、5和6时铁矾分解渣中金浸出率随时间变化趋势，实验结果如图5-17所示。

由图5-17可知，在一定范围内增加液固比可有效提高金浸出率。当液固比值分别为2和3时，金浸出率最高分别可达83.5%和89.8%。继续增加液固比至4、5和6，金浸出率变化较小。当多硫化钠浓度保持不变，随着液固比的增加，浸出剂的量逐渐增加，浸出反应达到平衡时提高浸出体系中浸出剂的浓度，有利于金的提取。增加液固比可降低矿浆密度，增大浸出剂与铁矾分解渣的接触面积，强化传质过程，加速金的浸出。但过高的液固比会导致生产能力降低，综合考虑，选择液固比L/S为3为优化条件。

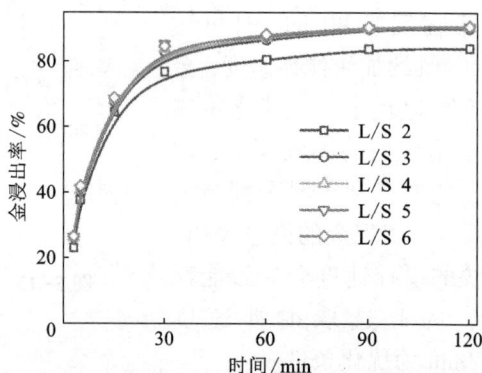

图5-17 不同液固比对金浸出率的影响

5.4.7　综合实验

通过开展优化实验研究确定铁矾分解渣多硫化钠浸出过程优化条件如下：pH 10.5~11.5、反应温度 35℃、液固比 L/S 为 3、活性炭浓度 40 g/L、搅拌速度 410 r/min、多硫化钠浓度 9 g/L、时间 1.5 h。以卡林型金精矿、氧压渣和铁矾分解渣为原料，开展了多硫化钠浸金对比实验，实验结果如表 5-2 所示。

表 5-2　不同原料的多硫化钠体系浸金对比

原料	卡林型金精矿	氧压渣	铁矾分解渣
PSR/$(g \cdot L^{-1})$	15	15	9
时间/h	4	4	1.5
活性炭含量/$(g \cdot L^{-1})$	50	50	40
温度/℃	35	35	35
转速/$(r \cdot min^{-1})$	410	410	410
液固比	3	3	3
金浸出率/%	7.6	81.8	90.2

由表 5-2 可知，由于卡林型金精矿中绝大部分金被黄铁矿和毒砂包裹，卡林型金精矿中金的浸出率仅为 7.6%。卡林型金精矿经酸性加压氧化预处理后，氧压渣中金的浸出率可达 81.8%，表明酸性加压氧化预处理可有效打开硫化物对金的包裹，利于金的高效浸出。氧压渣中存在铁矾二次包裹金现象，通过碱性体系铁矾分解工序，可有效释放铁矾包裹金。多硫化钠体系铁矾分解渣中的金浸出率可达 90.2%，比氧压渣中的金浸出率高 8.4%，说明铁矾分解工序可有效提高金的浸出率。

5.4.8　浸出渣物相组成及微区分析

不同原料多硫化钠浸出渣 XRD 表征如图 5-18 所示。图 5-18(a)物相分析结果表明，卡林型金精矿多硫化钠体系浸出渣中主要物相为碳酸盐 $[CaMg(CO_3)_2]$、黄铁矿 (FeS_2) 和二氧化硅 (SiO_2)。卡林型金精矿浸出渣中碳酸盐和二氧化硅衍射峰强度变化较小，黄铁矿衍射峰强度有所减弱，表明多硫化钠体系浸金过程中部分黄铁矿氧化分解。图 5-18(b)物相分析结果表明，氧压渣多硫化钠体系浸出渣中主要物相为硫酸钙 $(CaSO_4)$、铁矾 $[(K, H_3O)Fe_3(SO_4)_2(OH)_6]$ 和二氧化硅 (SiO_2)，氧压渣中硫酸钙、铁矾和二氧化硅衍射峰强度变化较小。图 5-18(c)物相分析结果表明,铁矾分解渣多硫化钠体系浸出渣中主要物相为氢氧化锰钙 $[Ca_3[Mn(OH)_6]_2$、硫酸钙$(CaSO_4)$、氧化铁(Fe_2O_3)和二氧化硅(SiO_2)。浸出渣中氧化铁由浸出渣烘样过程中氢氧化铁脱水生成。

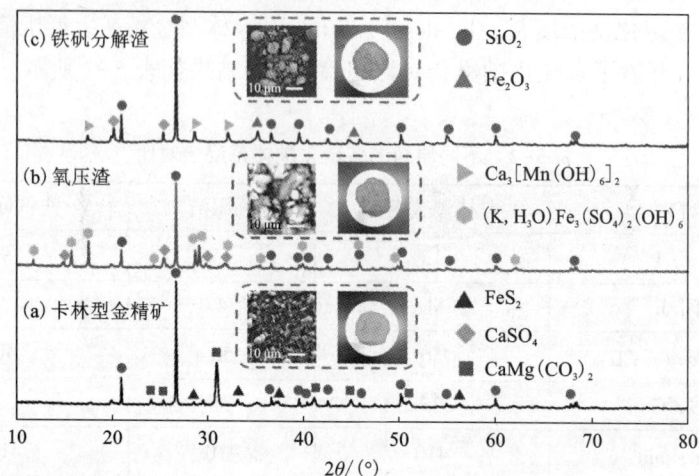

图 5-18　不同原料多硫化钠体系所得浸出渣 XRD 图谱

图 5-19 为不同原料多硫化钠体系所得浸出渣的 SEM-Mapping 图。图 5-19(a)中 SEM-EDS 微区分析结果表明,部分铁和硫的富集区域重合,部分钙和氧富集区域重合,部分硅和氧富集区域重合,结合图 5-18 中 XRD 分析结果,推测上述重合区域分别为 FeS_2、$CaMg(CO_3)_2$ 和 SiO_2。由图 5-19(b)中 SEM-EDS 微区分析可知,部分铁、硫和氧富集区域存在重合现象,部分硫、钙和氧富集区域存在重合现象,部分硅和氧富集区域存在重合现象,由于硫酸铁或者硫酸亚铁易溶于水,结合图 5-18 中 XRD 分析结果,推测上述重合区域分别为 $(K, H_3O)Fe_3(SO_4)_2(OH)_6$、$CaSO_4$ 和 SiO_2。由图 5-19(c)中 SEM-EDS 微区分析可知,部分铁与氧富集区域存在重合现象,部分硅与氧富集区域存在重合现象,结合图 5-18 中 XRD 分析结果,推测上述重合区域分别为 Fe_2O_3 和 SiO_2。

图 5-20 为多硫化钠体系浸出渣 SEM-EDS 图。由 SEM-EDS 图可知,浸出渣颗粒表面腐蚀严重,凹凸不平,有明显裂痕。由区域 1 的 EDS 结果可知,该区域硫和钙原子分数仅为 1.73%和 1.62%,推测是区域 1 硫酸钙溶解所致。浸出渣颗粒表面出现裂痕,有利于浸金剂与金充分接触,提高金的浸出率。

(a) 卡林型金精矿

(b) 氧压渣

(c) 铁矾分解渣

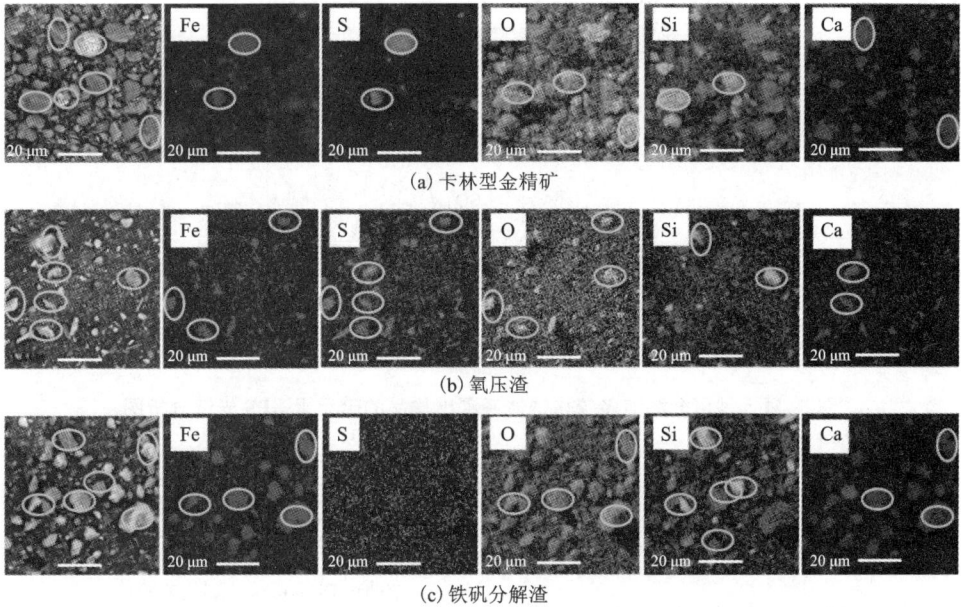

图 5-19 不同原料多硫化钠体系浸出渣 SEM-Mapping 图

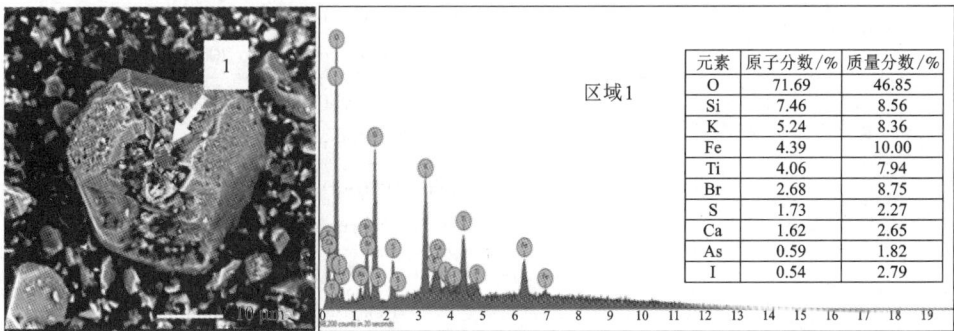

元素	原子分数/%	质量分数/%
O	71.69	46.85
Si	7.46	8.56
K	5.24	8.36
Fe	4.39	10.00
Ti	4.06	7.94
Br	2.68	8.75
S	1.73	2.27
Ca	1.62	2.65
As	0.59	1.82
I	0.54	2.79

图 5-20 多硫化钠体系浸出渣 SEM-EDS 图

5.4.9 浸出渣元素化学状态及金赋存物相分配行为

以铁矾分解渣为原料，对基于多硫化钠体系优化条件所得浸出渣样品进行 XPS 分析，分析浸出渣表面硫的价态，结果如图 5-21 所示。不同化学状态的峰值及相关参考文献如表 5-3 所示。

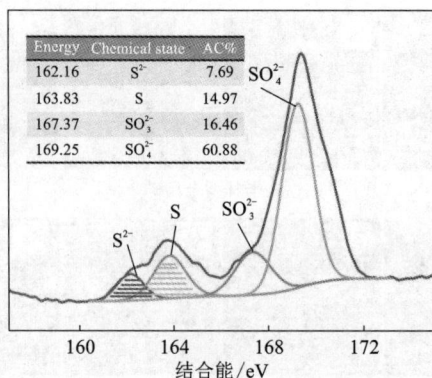

图 5-21　铁矾分解渣多硫化钠体系浸出样品的硫元素 XPS 光谱分析图

表 5-3　不同化学状态的峰值和相关参考文献

结合能/eV	化学状态	参考文献
163.76	S	Brion, 1980; Descostes et al., 2001; Wagner et al., 2003
167.00	SO_3^{2-}	Beamson et al., 1991; Descostes et al., 2001; Descostes et al., 2000
169.41	SO_4^{2-}	Brion, 1980; Descostes et al., 2001; Descostes et al., 2000
162.16	S^{2-}	Brion, 1980; Wagner, 1990; Guo et al., 2020
163.83	S	Brion, 1980; Descostes et al., 2001; Wagner et al., 2003
167.37	SO_3^{2-}	Beamson et al., 1991; Descostes et al., 2001; Descostes et al., 2000
169.25	SO_4^{2-}	Brion, 1980; Descostes et al., 2001; Wagner et al., 2003

　　由图 5-21 可知，铁矾分解渣多硫化钠体系浸出得到的样品中硫元素存在 4 个峰，分别为 S^{2-}（162.16 eV）、S（163.83 eV）、SO_3^{2-}（167.37 eV）和 SO_4^{2-}（169.25 eV）。硫元素新的峰 S^{2-}（162.16 eV）源于多硫化钠浸出剂中包含的硫离子（S^{2-}）。多硫化钠浸出渣表面负二价硫为 7.69%，是硫化物与金属离子反应生成硫化物沉淀沉积在浸出渣表面所致。多硫化钠浸出渣中元素硫为 14.97%，多

硫化钠浸金过程中部分多硫化钠氧化分解生成元素硫吸附在矿物表面，导致浸出渣表面元素硫含量升高。

优化条件下，铁矾分解渣经多硫化钠体系浸出所得浸金尾渣中金物相分布结果如表 5-4 所示。多硫化钠体系浸金尾渣中硅酸盐包裹金占总金比达 53.09%，硅酸盐包裹金含量占总金最高。对比表 4-2 和表 5-4 可知，铁矾分解渣和多硫化钠体系浸金尾渣中硫酸钙包裹金含量分别为 0.59 g/t 和 0.34 g/t，硫化物包裹金含量分别为 0.18 g/t 和 0.24 g/t。多硫化钠体系浸金尾渣中硫酸钙包裹金含量减少，但硫化物包裹金含量略微增加。

表 5-4　多硫化钠体系浸金尾渣中金物相分布

物相	裸露金	铁矾包裹金	硫酸钙包裹金	硫化物包裹金	硅酸盐包裹金	总金
含量/(g·t^{-1})	0.19	0.22	0.34	0.24	1.12	2.11
占比/%	9.00	10.43	16.11	11.37	53.09	100

结合图 5-20 可知，多硫化钠体系为碱性体系，加入氢氧化钠调节 pH，部分硫酸钙可与氢氧化钠反应生成氢氧化钙和硫酸钠，矿物表面出现裂痕，利于包裹金的释放，故多硫化物浸金尾渣中硫酸钙包裹金含量下降。多硫化物浸金尾渣中硫化物包裹金含量较铁矾分解渣略微上升，结合图 5-21 可推测出多硫化物浸金尾渣表面存在硫化物和元素硫固膜包裹金的原因。

5.5　铁矾分解渣多硫化钠浸金动力学研究

5.5.1　浸出动力学理论及研究方法

冶金过程中矿物湿法浸出反应是典型的液固反应，可用通式(5-14)表示：

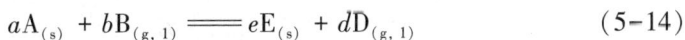

$$aA_{(s)} + bB_{(g, l)} \Longrightarrow eE_{(s)} + dD_{(g, l)} \tag{5-14}$$

式中：$A_{(s)}$ 表示固体反应物；$B_{(g, l)}$ 表示液体反应物；$E_{(s)}$ 表示固体生成物；$D_{(g, l)}$ 表示液体生成物。

考虑不同反应过程之间的差异，可能只有 $A_{(s)}$、$B_{(g, l)}$、$E_{(s)}$ 和 $D_{(g, l)}$ 中的几项，但至少存在固液两相。液固反应模型示意图如图 5-22 所示。液固反应过程主要分为五个步骤：

(1)浸出剂经过扩散层逐渐向内扩散；

(2)浸出剂通过固膜开始逐渐扩散；

(3)浸出剂与目标元素发生化学反应；

（4）化学反应过程生成的可溶物质通过固膜逐渐扩散；

（5）化学反应过程生成的可溶物质通过扩散层。

在液固反应过程中，总反应速率通常取决于反应最慢的步骤，即速度控制步骤。通过开展冶金过程动力学实验研究可明确液固反应过程中速度控制步骤，为后续针对性的采取相应强化措施提供理论指导，达到提高液固反应速率的目的。

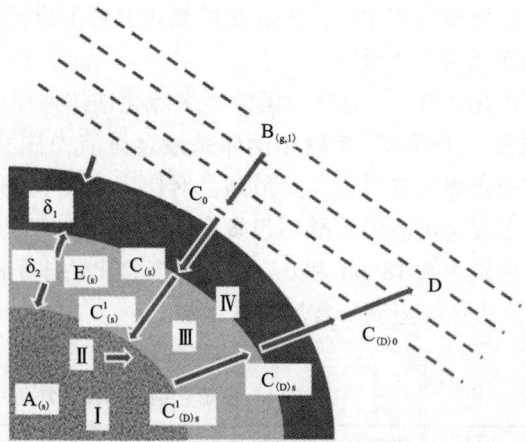

I —未反应核；II —反应界面；III —固体产物；IV —边界层。

图 5-22　液固反应模型示意图

铁矾分解渣多硫化钠浸金过程是湿法冶金中典型的液-固反应过程。浸出动力学研究有助于研究多硫化钠浸金过程的控制步骤。对于球形或球形致密固体颗粒，如果其表面化学活性处处相同，则由化学反应、内扩散控制和混合控制的液相浸出过程动力学方程表示：

$$1 - (1 - X)^{1/3} = kt \tag{5-15}$$

$$1 - 2X/3 - (1 - X)^{2/3} = kt \tag{5-16}$$

$$1 - (1 - X)^{1/3} + k_1 \left[1 - 2X/3 - (1 - X)^{2/3} \right] = kt \tag{5-17}$$

式中：X 表示浸出效率；t 表示时间；k 表示效率常数；k_1 表示相关系数。

k 与温度（T）的关系可以用 Arrhenius 公式（5-18）表示：

$$k = A \cdot e^{-E/RT} \tag{5-18}$$

其中：A 表示频率因子；E 表示反应活化能；R 表示气体常数。

式（5-18）两边取对数可得式（5-19）：

$$\ln k = \ln A - E/RT \tag{5-19}$$

绘制 $1/T$ 与 $\ln k$ 在不同温度下的关系可得到阿伦尼乌斯图。图中直线的斜率为 $-E/RT$，由此可计算出浸出反应的表观活化能 E，从而确定浸出反应的控制步骤和提高浸出反应效率的方法。频率因子 A 的值可以由直线的截距 $\ln A$ 计算出来。

5.5.2　实验方法及步骤

将铁矾分解渣磨细后经 200 目和 300 目分样筛过筛处理，过筛后所得铁矾分解渣粒度为 50~75 μm，近似满足反应物固体颗粒为单一粒度的条件。令铁矾分解渣为致密球形且在各方向上的化学性质相同，基于上述条件开展铁矾分解渣多硫化钠浸金动力学研究。铁矾分解渣中金含量约 21.08 g/t，在多硫化物添加浓度 12 g/L 条件下，浸金剂浓度远大于浸金过程理论消耗量，满足动力学拟合条件。

考虑到多硫化钠在 318 K(45℃) 和 328 K(55℃) 条件下稳定性降低，选取 288 K(15℃)、298 K(25℃)、303 K(30℃) 和 308 K(35℃) 作为金浸出过程温度条件。其余浸出条件如下：pH 10.5~11.5、液固比 L/S 为 6、活性炭浓度 40 g/L、搅拌速度 450 r/min、多硫化钠浓度 12 g/L、时间 1.5 h。先用量筒量取 4200 mL 高纯水置于 5 L 烧杯中，然后将烧杯置于水浴锅中水浴控温。开启搅拌桨后，用天平称取铁矾分解渣 700 g 缓慢加入烧杯中，浆化 10 min。而后加入氢氧化钠调节 pH 至 10.5~11.5，待 pH 稳定不变达 10 min 后，加入 50.4 g 多硫化钠浸金剂和 168 g 活性炭，开始动力学浸出实验。在 3 min、5 min、10 min、15 min、30 min、60 min 和 90 min 时间点取样，经真空抽滤机过滤洗涤，对渣样进行金含量分析检测。实验全程在通风橱内进行，将塑料薄膜包裹在烧杯外围，以减少空气中氧气对硫化物氧化作用。

5.5.3　浸出动力学曲线拟合

不同温度下铁矾分解渣多硫化钠体系中金浸出率随时间变化的关系如图 5-23 所示。铁矾分解渣中金浸出率随反应时间的延长而快速提高，而后逐渐放缓，参考动力学拟合选点原则，选取 0~30 min 时间段金浸出率数据进行动力学拟合。

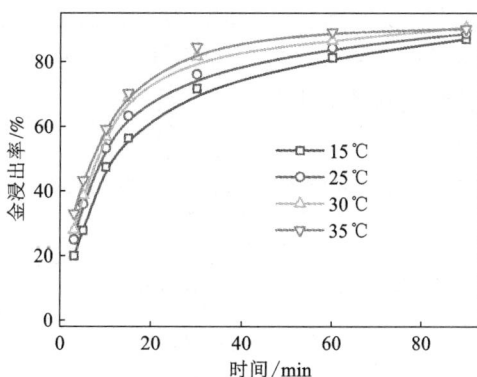

图 5-23　不同温度下铁矾分解渣多硫化钠体系中金浸出率随时间变化的关系

表 5-5 和图 5-24 为多硫化钠浸金化学反应控制动力学拟合结果。由表 5-5 可知，化学反应控制动力学拟合相关系数为 0.921~0.944，相关性不够显著。

表 5-5　在 288~308 K 的温度范围内 $1-(1-X)^{1/3}$ 与 t 的关系

T/K	方程式	相关系数(R^2)
288	$1-(1-X)^{1/3}=0.01315t$	0.944
298	$1-(1-X)^{1/3}=0.01495t$	0.921
303	$1-(1-X)^{1/3}=0.01687t$	0.927
308	$1-(1-X)^{1/3}=0.01803t$	0.924

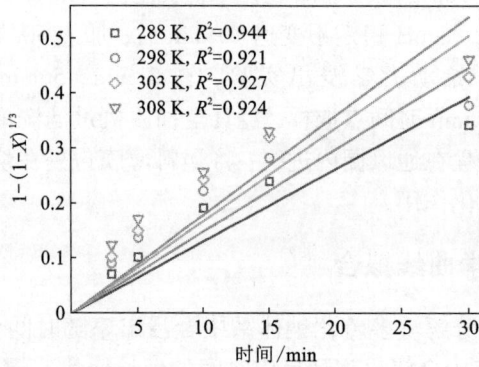

图 5-24　不同温度下金浸出过程中 $1-(1-X)^{1/3}$ 与 t 的关系

表 5-6 和图 5-25 为多硫化钠浸金内扩散控制动力学拟合结果。由表 5-6 可知,内扩散控制动力学拟合相关系数为 0.989~0.995,相关性较化学反应控制动力学拟合结果显著,较好地满足了线性回归关系。

表 5-6　在 288~308 K 的温度范围内 $1-2X/3-(1-X)^{2/3}$ 与 t 的关系

T/K	方程式	相关系数(R^2)
288	$1-2X/3-(1-X)^{2/3}=0.00305t$	0.993
298	$1-2X/3-(1-X)^{2/3}=0.00376t$	0.989
303	$1-2X/3-(1-X)^{2/3}=0.00462t$	0.990
308	$1-2X/3-(1-X)^{2/3}=0.00513t$	0.995

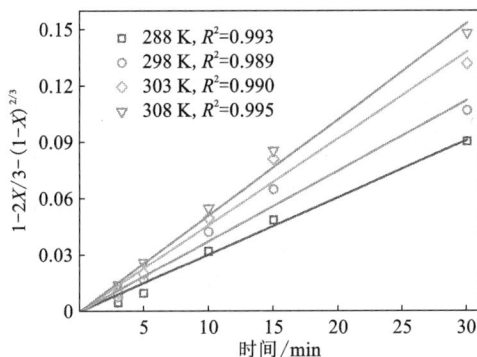

图 5-25　不同温度下金浸出过程中 $1-2X/3-(1-X)^{2/3}$ 与 t 的关系

5.5.4　表观活化能和控制步骤

图 5-26 为多硫化钠体系铁矾分解渣中金浸出过程 $\ln k$ 与 $1/T$ 的关系。回归方程式为 $Y = 2.567 - 2415X$。依据回归方程式可计算出表观活化能为 20.08 kJ/mol。依据动力学模型拟合结果，判断多硫化钠体系铁矾分解渣的金浸出过程受内扩散步骤控制。浸出过程中浸出效率常数 k_{Au} 与 T 的函数关系如式（5-20）所示：

$$k_{Au} = 0.13 \times 10^2 \times \exp(-2.415 \times 10^3/T) \tag{5-20}$$

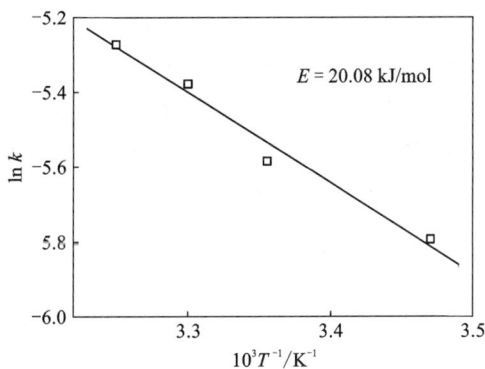

图 5-26　金浸出过程的 Arrhenius 图

由图 5-21 浸出渣表面硫元素 XPS 分析结果可知，浸出渣表面存在元素硫和硫化物固体膜，其中硫化物所含负二价硫含量占比为硫元素总量的 7.69%，元素硫含量占比为硫元素总量的 14.97%。从动力学分析可知，金在多硫化钠体系中的浸出过程受固体膜的扩散控制，XPS 分析结果与动力学分析结果一致。

5.6 本章小结

本章针对渣中有机碳吸附金的难题, 开展了活性炭优化选型研究; 针对采用氰化法提金时存在的氰化物剧毒难题, 开展了铁矾分解渣酸性硫脲体系和碱性多硫化钠体系提金研究, 明确了多尺度因素提金影响机制及过程限制步骤。主要结果和结论如下:

(1)开展了最优活性炭选型研究。在温度 30℃、活性炭浓度 60 g/L、液固比 L/S 为 3、反应时间 2 h、搅拌速度 300 r/min, EP-1 浓度 3 g/L 的条件下, 椰壳活性炭(直径 2~4 mm)效果最佳, 炭浸法浸出液中残留金含量为 0.08 mg/L, 渣含金量可降低至 2.27 g/t。椰壳活性炭孔隙结构发达, 比表面积大, 吸附能力强, 可实现浸出液中金的高效吸附。

(2)开展了铁矾分解渣酸性硫脲体系提金研究。在时间 2 h、活性炭浓度 50 g/L、搅拌速度 400 r/min、温度 30℃、pH 1.3~1.5、空气流量 1.5 L/min、液固比 L/S 为 3 和硫脲浓度 4 g/L 的条件下, 硫脲体系金浸出率为 85.7%。浸出渣中主要包裹金物相为硫酸钙和硅酸盐。酸性硫脲体系易生成硫酸钙沉淀并包覆在矿物表面, 不利于金的浸出。浸出液中铁离子浓度偏高, 会加速硫脲氧化分解, 增加硫脲试剂消耗。

(3)开展了铁矾分解渣碱性多硫化钠体系提金研究, 明确了多尺度因素提金影响机制及过程限制步骤。在 pH 11.0~11.5、反应温度 35℃、液固比 L/S 为 3、活性炭浓度 40 g/L、搅拌速度 410 r/min、多硫化钠浓度 9 g/L、时间 1.5 h 优化条件下, 铁矾分解渣中金浸出率为 90.2%。动力学研究表明, 多硫化钠体系的金浸出过程主要受内扩散步骤控制, 浸出渣表面存在元素硫和硫化物固体膜。浸出渣中主要包裹金物相为硅酸盐, 硫酸钙包裹金含量降低。碱性多硫化钠体系提金过程中, 部分硫酸钙被溶解, 有利于金的浸出。

第 6 章　铁矾分解渣 EP-1 体系提金研究

6.1　引言

氰化法具有 100 余年的历史,是我国黄金冶炼行业主要提金方法,但该工艺所用氰化物剧毒,提金过程产生大量含氰废水和废渣需要处理,若管理不善,易引发潜在环境污染问题。生态环境部最新发布的《黄金工业污染防治技术政策》中,鼓励企业采用非氰或低氰浸金体系提金。本章基于氰化法存在的潜在环境污染问题,结合国家生态环境部指导政策,拟开展铁矾分解渣 EP-1 体系提金研究,实现铁矾分解渣中金的高效清洁提取。

6.2　EP-1 试剂浸金机理解析

EP-1 环保提金剂为国内某公司在多年提金研究基础上,针对现有氰化工艺存在的氰化物剧毒、尾渣潜在环保毒性安全问题,基于化学物质分解和缩合原理研发的新型环保提金剂。EP-1 环保提金剂主体部分碳化三聚氰酸钠(主要浸金组分)在密闭容器中于高温熔融状态下反应生成,辅助部分为少量甘氨酸(参与协同浸金)和木质素磺酸钠(改变矿物表面活性)。EP-1 浸金剂的主要化学元素组成和分子片段分别如表 6-1 和图 6-1 所示。

表 6-1　EP-1 浸金剂的主要化学元素组成

元素	C	N	Na	O	Cl	H
质量分数/%	22.12	16.53	31.64	20.27	0.64	1.35

由于结构特性及空间位阻关系,EP-1 浸金剂中亲金配合官能团可与金发生配合反应,实现渣中金的高效浸出。EP-1 浸金剂主要浸金反应如式(6-1)和式(6-2)所示:

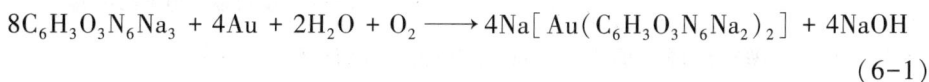

$$8C_6H_3O_3N_6Na_3 + 4Au + 2H_2O + O_2 \longrightarrow 4Na[Au(C_6H_3O_3N_6Na_2)_2] + 4NaOH$$

$$(6-1)$$

$$4Au + 8NH_2CH_2COOH + 4NaOH + O_2 \longrightarrow 4Na[Au(NH_2CH_2COO)_2] + 6H_2O$$

$$(6-2)$$

H　C　N　O　Na

(a) 碳化三聚氰酸钠　　　　　　　(b) 甘氨酸

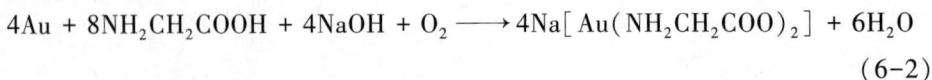

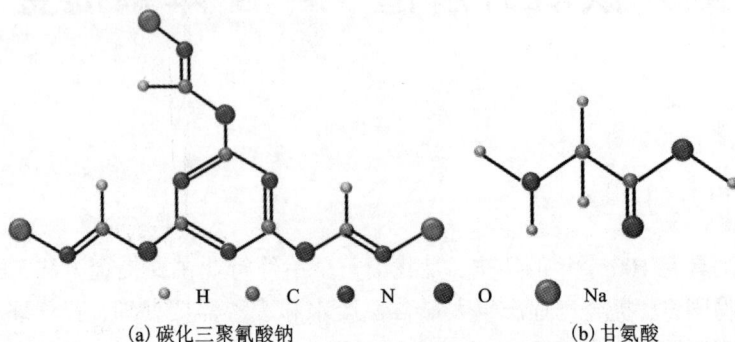

图 6-1　EP-1 浸金剂的主要分子片段

6.3　铁矾分解渣 EP-1 体系提金研究

6.3.1　EP-1 浓度影响

以铁矾分解渣为原料，在温度 30℃、活性炭浓度 50 g/L、液固比 L/S 为 3、反应时间 3 h、空气流量 2.5 L/min、搅拌速度 350 r/min 和 pH 为 11.0~11.5 的条件下，分别考察了 EP-1 浓度为 0.5 g/L、1 g/L、1.5 g/L、2 g/L、2.5 g/L 和 3 g/L 时铁矾分解渣中金浸出率变化趋势，实验结果如图 6-2 所示。

由图 6-2 可知，提高 EP-1 浓度可有效提高金浸出率。当 EP-1 浸金剂初始添加浓度分别为 0.5 g/L 和 1 g/L 时，金的浸出率分别为 77.3% 和 87.3%，继续提高 EP-1 浸金剂初始浓度至 3 g/L 时，金的浸出率为 87.7%。当 EP-1 浸金剂初始添加浓度超过 1 g/L 时，金浸出率变化较小。适当升高 EP-1 浸金剂浓度，有利于金与浸金剂接触反应，保证金的浸出。考虑经济成本原因，选取初始 EP-1 添加浓度为 1 g/L。

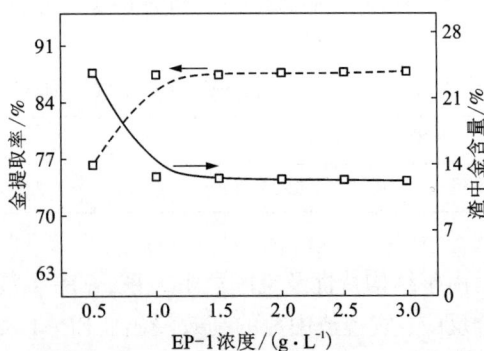

图 6-2　EP-1 浓度对金浸出率的影响

6.3.2　活性炭浓度影响

以铁矾分解渣为原料,在温度 30℃、EP-1 添加量 1 g/L、液固比 L/S 为 3、反应时间 3 h、空气流量 2.5 L/min、搅拌速度 350 r/min 和 pH 11.0~11.5 的条件下,分别考察了活性炭浓度为 15 g/L、25 g/L、35 g/L、45 g/L、55 g/L 和 65 g/L 时铁矾分解渣中金浸出率变化趋势,实验结果如图 6-3 所示。

由图 6-3 可知,在一定范围内提高活性炭浓度可有效提高金浸出率。当活性炭添加量分别为 15 g/L 和 45 g/L 时,铁矾分解渣中金浸出率分别为 78.4% 和 87.4%。继续增加活性炭添加量至 65 g/L 时,铁矾分解渣中金浸出率为 87.6%,变化较小。卡林型金精矿经酸性加压氧化预处理-碱性体系铁矾分解后,铁矾分解渣中仍

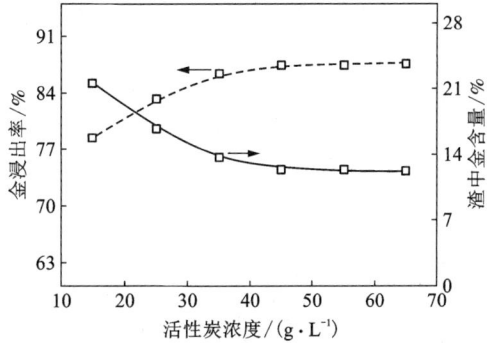

图 6-3　活性炭浓度对金浸出率的影响

存在部分有机碳。有机碳可吸附溶液中的金离子且颗粒极细,浸出过程中易吸附金离子进入渣中,致使渣中金含量增加,出现"劫金"现象,降低金回收率。添加吸附能力较强的椰壳活性炭,与铁矾分解渣中残留的有机碳形成竞争吸附,可使浸出液中金离子被椰壳活性炭吸附,有效提高金的回收率。考虑生产成本和金浸出率等因素,选择活性炭添加量 45 g/L 为优化条件。

6.3.3　搅拌速度影响

以铁矾分解渣为原料,在温度 30℃、EP-1 添加量 1 g/L、液固比 L/S 为 3、反应时间 3 h、空气流量 2.5 L/min、活性炭浓度 45 g/L 和 pH 11.0~11.5 的条件下,分别考察了搅拌速度为 250 r/min、300 r/min、350 r/min、400 r/min、450 r/min 和 500 r/min 时铁矾分解渣中金浸出率变化趋势,实验结果如图 6-4 所示。

由图 6-4 可知,当搅拌速度

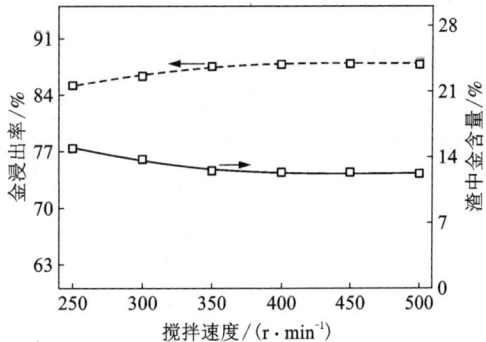

图 6-4　搅拌速度对金浸出率的影响

由 250 r/min 上升至 350 r/min 时,金浸出率由 85.1% 上升至 87.5%。继续加快搅拌速度至 500 r/min,金浸出率为 87.7%,变化数值较小。适当加快搅拌速度可强化固液传质过程,有利于金的浸出,但过快的搅拌速度会导致能耗增加。综合考虑金浸出率和生产能耗,选择搅拌速度 350 r/min 为优化条件。

6.3.4 温度影响

以铁矾分解渣为原料,在 EP-1 添加量 1 g/L、液固比 L/S 为 3、搅拌速度 350 r/min、反应时间 3 h、空气流量 2.5 L/min、活性炭浓度 45 g/L 和 pH 11.0~11.5 的条件下,考察了温度分别为 20℃、30℃、40℃、50℃ 和 60℃ 时铁矾分解渣中金浸出率变化趋势,实验结果如图 6-5 所示。

由图 6-5 可知,当温度由 20℃ 升高至 50℃ 时,金浸出率由 81.3% 升高至 88.6%,继续升高温度至 60℃,金浸出率为 88.8%,变化较小。适当升高温度,使分子热运动剧烈,浸金剂与金接触更加充分,可有效提高金浸出率。当温度升高至 60℃ 时,溶液蒸发较快,对浸出体系液固比有一定影响。在本技术方案中,卡林型金精

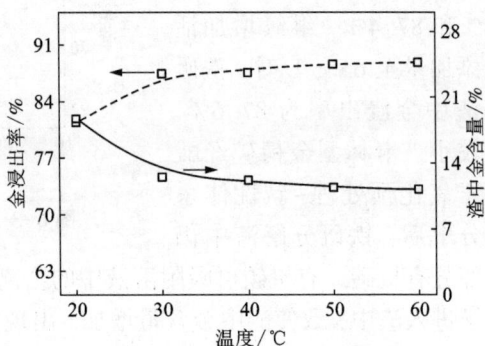

图 6-5 温度对金浸出率的影响

矿酸性加压氧化预处理温度约 225℃,氧压渣碱性体系铁矾分解温度约为 90℃,充分利用降温冷却过程中的余热即可维持浸出反应正常进行,EP-1 浸金过程无需进行额外加热。综合上述分析可知,选取浸出温度 50℃ 为优化条件。

6.3.5 液固比影响

以铁矾分解渣为原料,在温度 50℃、EP-1 添加量 1 g/L、活性炭浓度 45 g/L、反应时间 3 h、空气流量 2.5 L/min、搅拌速度 350 r/min 和 pH 11.0~11.5 的条件下,分别考察了液固比 L/S 为 2、3、4、5、6 和 7 时铁矾分解渣中金浸出率变化趋势,实验结果如图 6-6

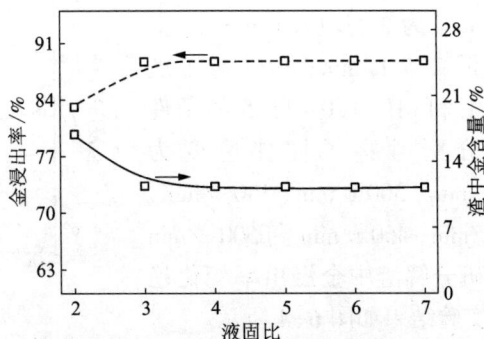

图 6-6 液固比对金浸出率的影响

所示。

由图 6-6 可知，当液固比由 2 增加至 3 时，金浸出率由 83.1% 上升至 88.6%。继续增加液固比至 7 时，金浸出率为 88.9%，变化较小。当液固比较低时，溶液固相含量较高，溶液黏度大且流动性差，不利于分子之间相互扩散，阻碍了金的浸出。但过高的液固比不仅会导致生产能力下降，而且体系中有大量废水需要处理，增加了生产成本。综上所述，选取液固比 L/S 为 3 为优化条件。

6.3.6　时间影响

以铁矾分解渣为原料，在温度 50℃、EP-1 添加量 1 g/L、液固比 L/S 为 3、活性炭浓度 45 g/L、空气流量 2.5 L/min、搅拌速度 350 r/min 和 pH 11.0 ~ 11.5 的条件下，考察了反应时间分别为 1 h、3 h、5 h、7 h、9 h 和 12 h 时铁矾分解渣中金浸出率变化趋势，实验结果如图 6-7 所示。

由图 6-7 可知，当反应时间由 1 h 增加至 5 h 时，金浸出率由 76.43% 上升至 90.8%。继续增加反应时间至 12 h，金浸出率为 91.1%，变化较小。随着反应时间延长，金浸出率逐渐升高，但浸出时间过长会导致生产周期变长和能耗增加的问题。综合考虑生产周期和能耗，选取反应时间 5 h 为优化条件。

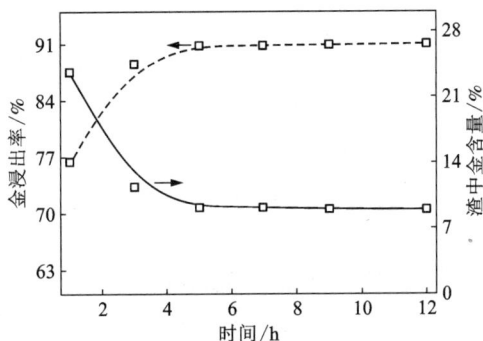

图 6-7　时间对金浸出率的影响

6.3.7　综合实验

以铁矾分解渣为原料，在温度 50℃、EP-1 添加量 1 g/L、液固比 L/S 为 3、空气流量 2.5 L/min、活性炭浓度 45 g/L、搅拌速度 350 r/min 和反应时间 5 h 的条件下，开展了铁矾分解渣 EP-1 体系浸出平行实验，单次铁矾分解渣用量为 500 g，浸金结果如表 6-2 所示。

表 6-2　综合实验结果

编号	1	2	3	平均值
渣含金量/$(g \cdot t^{-1})$	1.84	1.82	1.81	1.82
金浸出率/%	91.5	91.6	91.7	91.6

由表 6-2 可知,在优化条件下开展了三次浸出平行实验,1 号、2 号和 3 号浸出渣金含量分别为 1.84 g/t、1.82 g/t 和 1.81 g/t,金浸出率分别为 91.5%、91.6% 和 91.7%。

6.4 浸出渣工艺矿物学表征

6.4.1 元素组成及物相表征

以铁矾分解渣为原料,优化条件下所得 EP-1 体系浸出渣的化学成分分析结果如表 6-3 所示。

表 6-3 浸出渣化学成分分析结果

元素	Fe	As	Cu	SiO_2	Zn	Mn	Mg	S
质量分数/%	8.53	1.31	0.0052	22.15	0.0047	0.21	0.37	7.59

由表 6-3 可知,浸出渣中 Fe、SiO_2 和 S 含量较高,分别为 8.53%、22.15% 和 7.59%。此外,浸出渣中还含有少量 As 和 Mg 等,含量分别为 1.31% 和 0.37%。EP-1 体系浸出渣 XRD 物相分析结果如图 6-8 所示。EP-1 体系浸出渣主要物相为二氧化硅(SiO_2)、硫酸钙($CaSO_4$)、氢氧化锰钙[$Ca_3[Mn(OH)_6]$]和氧化铁(Fe_2O_3)。

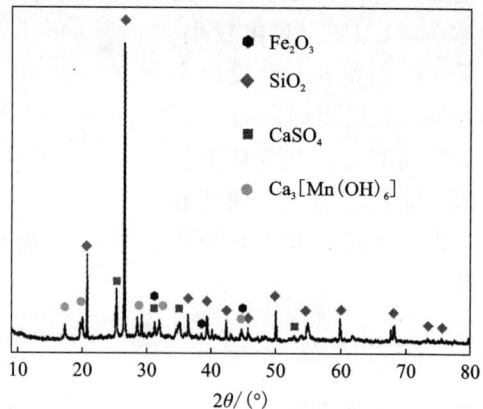

图 6-8 EP-1 体系浸出渣 XRD 图谱

6.4.2 微区分析及元素赋存物相分配行为

由图 6-9 中 EDS 图谱分析结果可知,区域 1 中硫、钙和氧原子数量占比分别为 11.12%、12.1% 和 72.63%,铁、硅和铝原子数量占比分别为 1.8%、1.49% 和 0.95%,结合浸出渣 XRD 物相推测,区域 1 主要物相为硫酸钙($CaSO_4$)。区域 2 中铁和氧原子数量占比分别为 18.64% 和 72.97%,钙、硅、硫和铝原子数量占比分别为 3.4%、2.88%、0.4% 和 1.7%,结合浸出渣 XRD 物相推测,区域 2 主要物相为氧化铁(Fe_2O_3)。区域 2 中硫原子数量占比仅为 0.4%,钙原子数量占比达

3.4%，表明区域 2 中仍存在一定量的钙氧化物，结合浸出渣的 XRD 物相推测，部分钙以氢氧化锰钙[Ca_3[Mn(OH)$_6$]形式存在。区域 3 中硅和氧原子数量占比分别为 26.41% 和 71.48%，钙、铁、硫和铝原子数量占比分别为 0.46%、0.53%、0.08% 和 1.04%，结合浸出渣 XRD 物相推测，区域 3 主要物相为二氧化硅(SiO_2)。

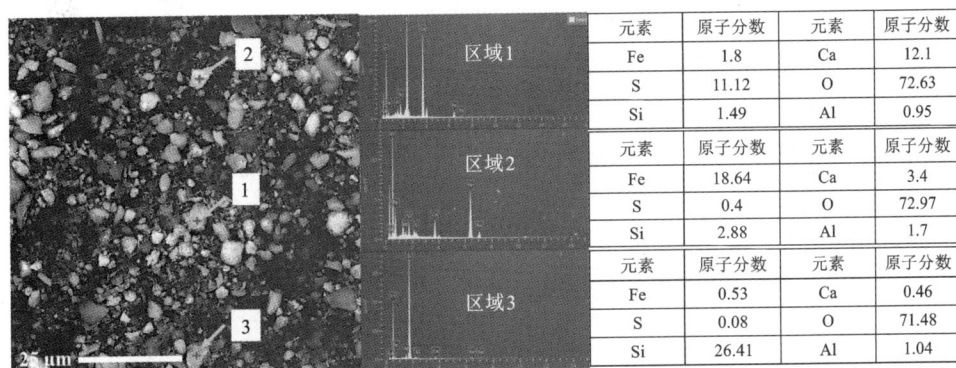

元素	原子分数	元素	原子分数
Fe	1.8	Ca	12.1
S	11.12	O	72.63
Si	1.49	Al	0.95

元素	原子分数	元素	原子分数
Fe	18.64	Ca	3.4
S	0.4	O	72.97
Si	2.88	Al	1.7

元素	原子分数	元素	原子分数
Fe	0.53	Ca	0.46
S	0.08	O	71.48
Si	26.41	Al	1.04

图 6-9　EP-1 体系浸出渣 EDS 图谱

图 6-10 为 EP-1 体系浸出渣 SEM-Mapping 图。由图 6-10 中圆圈区域可知，铁与氧存在局部富集现象，硫、钙和氧存在局部富集现象，硅主要与氧存在局部高度富集现象。二氧化硅化学性质稳定，卡林型金精矿经硫酸酸洗工序、酸性加压氧化预处理工序、碱性体系铁矾分解工序和 EP-1 体系浸出工序，矿物中仍存在二氧化硅物相。

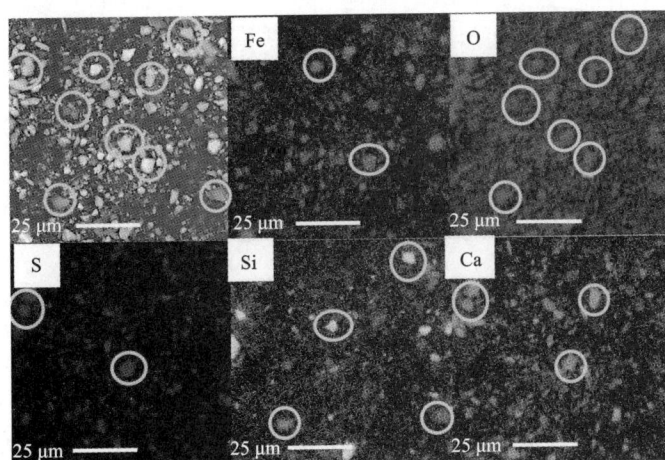

图 6-10　EP-1 体系浸出渣 SEM-Mapping 图

优化条件下，铁矾分解渣经 EP-1 体系浸出所得浸金尾渣中金物相分布结果如表 6-4 所示。EP-1 体系浸金尾渣中硅酸盐包裹金占总金比达 61.41%，硅酸盐包裹金含量占总金最高。对比表 4-2 和表 6-4 可知，铁矾分解渣和 EP-1 体系浸金尾渣中硫酸钙包裹金含量分别为 0.59 g/t 和 0.29 g/t，硫化物包裹金含量分别为 0.18 g/t 和 0.09 g/t。EP-1 体系浸金尾渣中硫酸钙包裹金含量减少，与多硫化钠体系浸金尾渣硫酸钙包裹金含量降低趋势一致，推测是硫酸钙在碱性体系中溶解所致。但 EP-1 体系浸金尾渣硫化物包裹金含量较多硫化物体系浸金尾渣低，结合图 5-21 中 XPS 分析结果可知，多硫化物浸金尾渣表面存在硫化物和元素硫固膜，推测是多硫化物体系本身浸金剂引入硫化物所致。

表 6-4　EP-1 体系浸金尾渣中金物相分布

物相	裸露金	铁矾包裹金	硫酸钙包裹金	硫化物包裹金	硅酸盐包裹金	总金
质量分数 /(g·t^{-1})	0.12	0.21	0.29	0.09	1.13	1.84
占比/%	6.52	11.41	15.76	4.89	61.41	100

EP-1 体系尾渣砷物相分布的结果如表 6-5 所示。由表 6-5 可知，尾渣中砷含量占尾渣总质量比达 1.32%，砷氧化物中砷、砷酸盐中砷和残渣中砷含量分别为 0.020%、1.23% 和 0.070%，占总砷比分别为 1.52%、93.18% 和 5.30%。尾渣中绝大部分砷以砷酸铁和砷酸钙等砷酸盐形式存在，极少量的砷以砷氧化物和其他形式存在。

表 6-5　EP-1 尾渣中砷物相分布

物相	砷氧化物中砷	砷酸铁中砷	砷酸钙中砷	残渣中砷	总砷
质量分数/%	0.020	0.94	0.29	0.070	1.32
占比/%	1.52	71.05	22.13	5.30	100

6.5　铁矾分解渣 EP-1 体系浸金动力学研究

铁矾分解渣中金含量为 21.08 g/t，在 EP-1 添加量 3 g/L 条件下，浸金剂浓度远大于浸金过程所需理论消耗量。将铁矾分解渣磨细后经 200 目和 300 目筛网过筛处理，筛网过筛所得铁矾分解渣粒度为 50~75 μm，近似满足反应物固体颗粒为单一粒度的条件。令铁矾分解渣为致密球形且在各方向上的化学性质相同，基于上述条件开展铁矾分解渣 EP-1 体系浸金动力学研究。

6.5.1　实验方法及步骤

在 EP-1 添加量 3 g/L、液固比 L/S 为 6、通入空气、活性炭浓度 50 g/L、搅拌速度 350 r/min、pH 11.0~11.5、反应时间 2 h，以及温度分别为 293 K（20℃）、303 K（30℃）、313 K（40℃）和 323 K（50℃）的条件下，开展了铁矾分解渣 EP-1 体系浸金动力学研究。先用量筒量取 4200 mL 高纯水置于 5 L 烧杯中，然后将烧杯置于水浴锅中水浴控温。开启搅拌桨后，用天平称取铁矾分解渣 750 g 并将其缓慢加入烧杯中，浆化 5 min。而后加入氢氧化钠调节 pH 至 11.0~11.5，待 pH 稳定不变达 15 min 后，加入试剂 EP-1 12.6 g 和活性炭 210 g，开始动力学浸出实验。在 2 min、5 min、8 min、10 min、15 min、20 min、30 min、40 min、60 min、90 min 和 120 min 时间点分别用移液管取部分矿浆，经真空抽滤机过滤洗涤，渣样进行金含量分析检测。在 EP-1 体系浸出过程中，浸出渣渣损为 4%~6%，在本实验计算金的浸出率时，浸出渣渣损按 5% 计算。

6.5.2　浸出动力学曲线拟合

图 6-11 为 EP-1 体系不同温度下金浸出率随时间变化的关系。根据温度为 293 K（20℃）、303 K（30℃）、313 K（40℃）和 323 K（50℃）时金浸出率随时间（0 ~ 120 min）变化的规律进行动力学拟合。金浸出率随时间的延长而快速提高，然后逐渐放缓，参考动力学拟合选点原则，选取 0 ~ 20 min 时间段金浸出率数据进行动力学拟合。

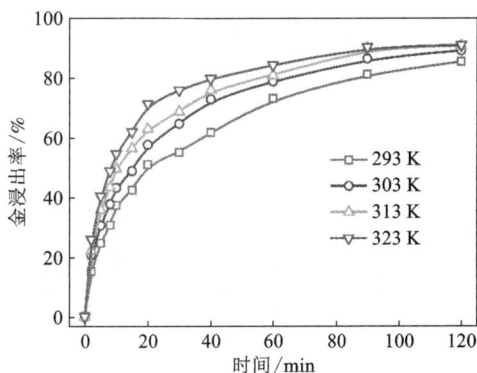

图 6-11　EP-1 体系不同温度下金浸出率随时间变化的关系

表 6-6 和图 6-12 为 EP-1 体系浸金化学反应控制动力学拟合结果。由表 6-6 可知，化学反应控制动力学拟合相关系数为 0.945~0.962。

表 6-6　在 293~323 K 的温度范围内 $1-(1-X)^{1/3}$ 与 t 的关系

T/K	方程式	相关系数（R^2）
293	$1-(1-X)^{1/3} = 0.0118t$	0.962

续表6-6

T/K	方程式	相关系数(R^2)
303	$1-(1-X)^{1/3} = 0.01416t$	0.949
313	$1-(1-X)^{1/3} = 0.01653t$	0.945
323	$1-(1-X)^{1/3} = 0.01936t$	0.952

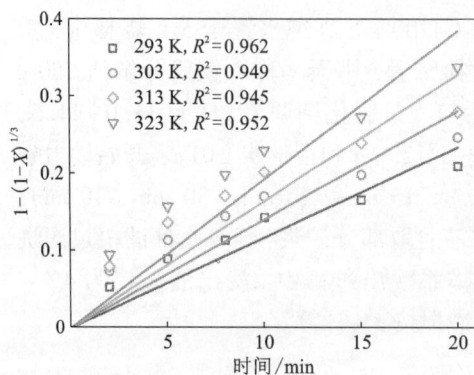

图 6-12 不同温度下金浸出过程中
$1-(1-X)^{1/3}$ 与 t 的关系

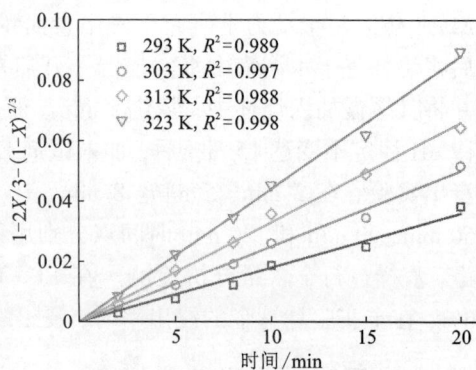

图 6-13 不同温度下金浸出过程中
$1-2X/3-(1-X)^{2/3}$ 与 t 的关系

表 6-7 和图 6-13 为 EP-1 体系浸金内扩散控制动力学拟合结果。由表 6-7 可知，内扩散控制动力学拟合相关系数为 0.989~0.998，拟合结果相关性显著，能很好地满足线性回归关系。

表 6-7　在 293~323 K 的温度范围内 $1-2X/3-(1-X)^{2/3}$ 与 t 的关系

T/K	方程式	相关系数(R^2)
293	$1-2X/3-(1-X)^{2/3} = 0.0018t$	0.989
303	$1-2X/3-(1-X)^{2/3} = 0.0025t$	0.997
313	$1-2X/3-(1-X)^{2/3} = 0.0033t$	0.998
323	$1-2X/3-(1-X)^{2/3} = 0.0044t$	0.998

6.5.3　表观活化能和控制步骤

图 6-14 为 EP-1 体系金浸出过程中 $\ln k$ 与 $1/T$ 的关系。回归方程如式 (6-3) 所示：

$$Y = 3.44 - 2861.62X \tag{6-3}$$

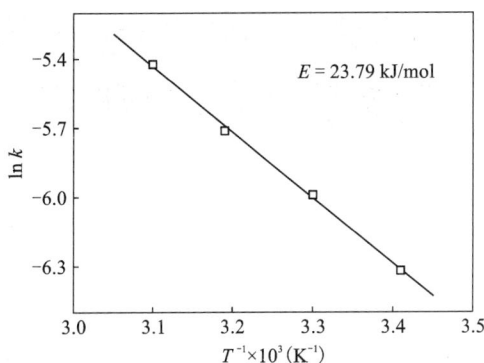

图 6-14　金浸出过程的 Arrhenius 图

依据回归方程计算出表观活化能为 23.79 kJ/mol。结合动力学拟合结果和铁矾分解渣中金物相分布可知，铁矾分解渣 EP-1 体系金浸出主要受内扩散步骤控制。浸出过程中浸出效率常数 k_{Au} 与 T 的函数关系如式（6-4）所示：

$$k_{Au} = 0.31 \times 10^2 \times \exp(-2.862 \times 10^3/T) \tag{6-4}$$

6.6　本章小结

本章针对酸性硫脲体系和碱性多硫化钠体系稳定性差和试剂用量大难题，开展了铁矾分解渣碱性 EP-1 体系提金研究。主要结果和结论如下：

（1）开展了铁矾分解渣 EP-1 体系提金优化条件研究。明确了反应温度、液固比、活性炭浓度、搅拌速度、EP-1 浓度和时间对 EP-1 体系提金影响，确定了 EP-1 体系提金的优化条件：反应温度 50℃、EP-1 浓度 1 g/L、液固比 L/S 为 3、活性炭浓度 45 g/L、空气流量 2.5 L/min、搅拌速度 350 r/min 和反应时间 5 h。在优化条件下开展了综合实验，铁矾分解渣中金浸出率为 91.6%。

（2）对浸出渣进行了工艺矿物学表征。EP-1 浸出渣主要物相为二氧化硅、硫酸钙、氧化铁和氢氧化锰钙。浸出渣中主要包裹金物相为硅酸盐，浸出渣中绝大部分砷以砷酸铁和砷酸钙等砷酸盐形式存在，极少量的砷以砷氧化物和其他形式存在。

（3）开展了铁矾分解渣 EP-1 体系浸金动力学研究。动力学拟合结果表明，EP-1 体系浸金过程化学反应控制动力学拟合相关系数为 0.945~0.962，内扩散控制动力学拟合相关系数为 0.989~0.998，内扩散控制拟合结果相关性显著。结合动力学拟合结果可知，铁矾分解渣 EP-1 体系金浸出主要受内扩散步骤控制。

第 7 章 EP-1 体系超声强化及超能活化提金研究

7.1 引言

卡林型金精矿经酸性加压氧化预处理-碱性体系铁矾分解后，可高效打开绝大部分对金包裹，采用 EP-1 作为浸金剂，优化条件下金浸出率可达 91% 左右，浸出渣中的残留金含量约 1.8 g/t，其中硅酸盐包裹金含量达 1.13 g/t。如何深度打开铁矾分解渣中硅酸盐矿物对金的包裹，实现铁矾分解渣中金的深度浸出，仍是值得探究的问题。

7.2 铁矾分解渣超声强化深度提金研究

7.2.1 超声强化作用机理解析

超声强化通过提供一种特殊的物理环境，强化液-固相之间的传质过程，加速固体生成物膜的剥离，达到强化化学反应过程的目的。超声波可降低传质边界层的厚度，加快矿浆中固液传质速率，破坏浸出渣表面的纯化膜和阻力膜，形成新的反应界面，促进矿物的浸出。基于超声强化浸出一系列优点，逐步将超声波应用于有色冶金领域，如白钨矿中钨的浸出、焙砂中金和银的浸出、废催化剂中钒的浸出、废气锂离子电池中有价金属的回收。超声波作用示意图如图 7-1 所示。

超声具有空化机械效应及热效应。超声协同强化浸出过程中，溶液中易形成负压区域和体积较小的空化气泡，在超声波持续作用下，部分气泡体积逐渐增大，当气泡能量达到临界值时，空化气泡会瞬间破裂，在溶液中形成机械作用，从而加速矿物表面裂纹生成过程。超声强化浸出对于高温、高压、强酸、强碱、剧毒等某些危险的浸出条件，有一定的削弱甚至消除作用，可有效提高金属的回收率，还能为一些常规浸出条件下难以反应或者不能反应的浸出体系提供新的思路，在浸出低品位、难处理矿物的过程中表现出较大的优势。

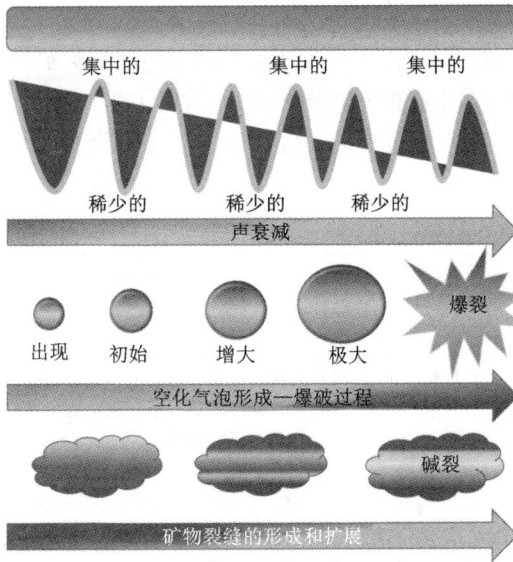

图 7-1 超声强化作用原理示意图

7.2.2 超声强化频率影响

以铁矾分解渣为原料，在温度 50℃、EP-1 添加量 1 g/L、液固比 L/S 为 4、活性炭浓度 45 g/L、搅拌速度 350 r/min、空气流量 2.5 L/min、反应时间 5 h 的条件下，开展了不同超声频率(10 kHz、30 kHz、50 kHz、70 kHz 和 90 kHz)下铁矾分解渣浸出实验，实验结果如图 7-2 所示。

由图 7-2 可知，随着超声强化频率的逐渐升高，铁矾分解渣中金浸出率逐渐上升，但上升幅度较小。当超声频率由 10 kHz 提高至 90 kHz 时，铁矾分解渣中金浸出率由 91.6% 提高至 93.1%。铁矾分解渣内部本身存在空隙和裂缝，超声波具有剥离效果，在超声波的作用下，浸出过程中浸出渣内部的孔隙和裂隙得到进一步的扩展，有利于浸金剂与金的接触，提高金浸出率。

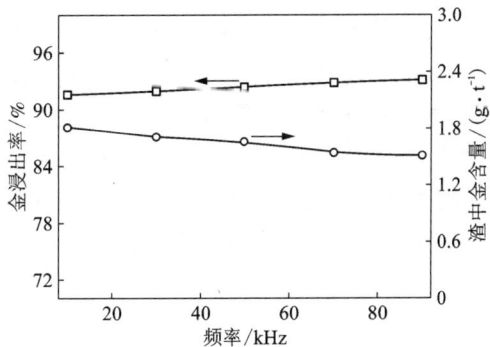

图 7-2 不同超声频率对金浸出率影响

7.2.3 物相组成及微区分析

铁矾分解渣和超声强化浸出渣 XRD 物相如图 7-3 所示。由图 7-3 可知,铁矾分解渣和超声强化浸出渣的主要物相均为二氧化硅(SiO_2)和硫酸钙($CaSO_4$),超声强化浸出渣中硫酸钙衍射峰强度较铁矾分解渣有所降低,超声强化过程中并未出现物相变化过程。

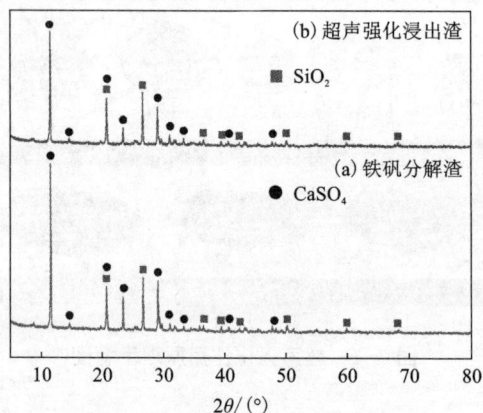

图 7-3 不同样品 XRD 图谱

图 7-4 为铁矾分解渣(a)和超声强化浸出渣(b)的 SEM-Mapping 图。由图 7-4 可知,铁矾分解渣和超声强化浸出渣成分接近,硅和氧存在高度重叠区域,硫、钙和氧存在高度重叠区域,同时结合 XRD 表征可知,颗粒状物质主要为硫酸钙和二氧化硅。图中存在二氧化硅和硫酸钙重叠区域,推测是氧压过程和铁矾分解过程生成硫酸钙包裹在二氧化硅矿物表面所致。

图 7-5 是铁矾分解渣(a,b)和超声强化浸出渣(c,d)微观形貌图。由图 7-5 可知,铁矾分解渣(a)区域和(b)区域表面较为光滑致密,超声强化浸出渣(c)区域和(d)区域圆圈标记处存在明显裂痕。超声强化浸出过程中,矿物表面出现新的裂缝和孔隙,有利于浸金剂与金的接触,为浸金反应创造了有利条件。矿物表面断裂过程会产生多个新的接触面,可有效扩大矿物比表面积,增大液固反应接触面,从而有效提高浸金过程中的反应速率。

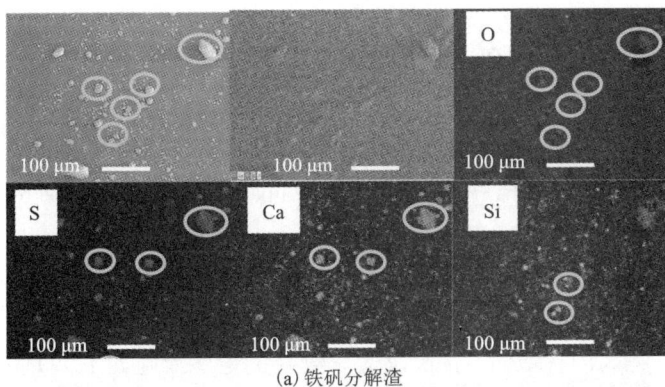

(a) 铁矾分解渣

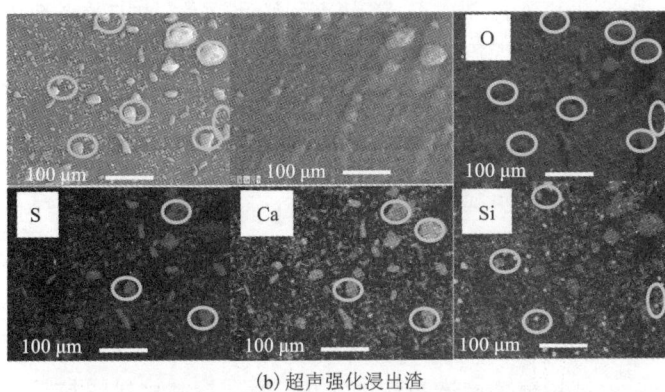

(b) 超声强化浸出渣

图 7-4　不同样品的 SEM-Mapping 图

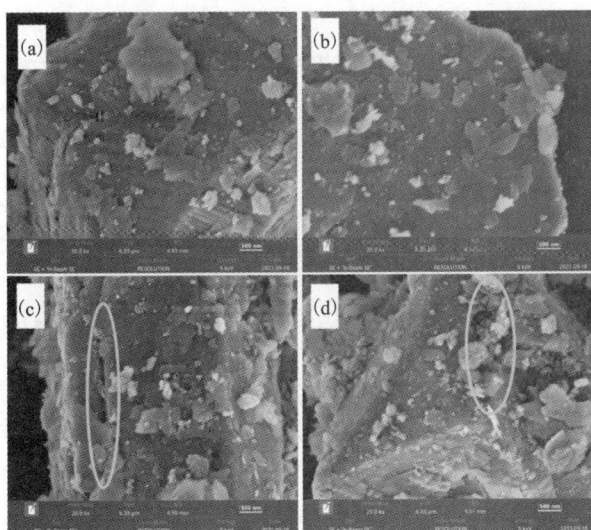

图 7-5　铁矾分解渣(a, b)和超声强化浸出渣(c, d)微观形貌图

7.3 铁矾分解渣超能活化深度提金研究

经动力学拟合分析，EP-1体系浸金过程中的反应速率主要受内扩散控制步骤限制。克兰克-金斯特林-布劳希特因（Crank-Ginstling-Brounshtein）内扩散计算公式如式（7-1）所示。

$$\frac{2D_2C_o}{r_0^2 a\rho}t = 1 - \frac{2}{3}R - (1-R)^{\frac{2}{3}} \tag{7-1}$$

当反应过程为内扩散时，提高反应分数 R 的主要措施如下：①降低物料的原始粒度 r_0；②提高浸出剂的浓度 C_o；③提高温度继而增加扩散系数 D_2。

提高浸出剂的浓度和温度虽然可有效提高浸出率，但药剂成本和生产成本会相应增加。通过降低物料粒度，强化动力学反应过程同时深度打开对金包裹是较好选择。

7.3.1 超能活化作用机理解析

超能活化装备是基于湿法冶金领域热力学理论分析、动力学强化理论和工艺矿物学机理，结合机械制造基础及自动化控制理论研发而成。研发超能活化装备旨在解决常规湿法冶金工业生产时存在的问题，促进冶金领域绿色、高效发展。超能活化装备可依据目标金属嵌布粒度大小，精准控制物料颗粒粒径至打开金属共生包裹临界值，最大限度地降低能耗同时利于目标金属高效浸出。

超能活化装备的原理是利用物料和介质在高速旋转运动条件下产生强烈的超高能量冲击力，使颗粒接触表面出现无序化，晶格出现畸变，形成位错形式的晶格缺陷。在增强矿物化学活性的同时，可高效打开矿物对金的包裹，降低矿物颗粒粒度，增大矿物比表面积，强化金浸出过程动力学反应，实现金的高效浸出。超能活化原理如图7-6所示。

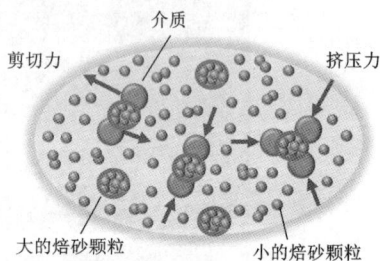

图7-6 超能活化原理图

超能活化技术介绍如图7-7所示，主要包含以下四个方面。①精准设计。通过工艺矿物学分析，明晰有价金属嵌布共生情况，选择合适介质后高效打开有价金属包裹。②动态赋能。超能活化过程产生超能冲击力，可弥补化学反应能量密度不足，突破热力学反应临界点，降低矿物反应表观活化能，加速进行化学反应。③精细调控。超能活化过程中在设备配备微孔曝气强化系统，可强化氧气接触反应，精准控制反应温度和溶液化学反应电位和 pH。④过程强化。超能活化过程

可增大物料比表面积和孔隙体积，强化浸出过程动力学反应，浸出率最高可提高
30 倍以上。

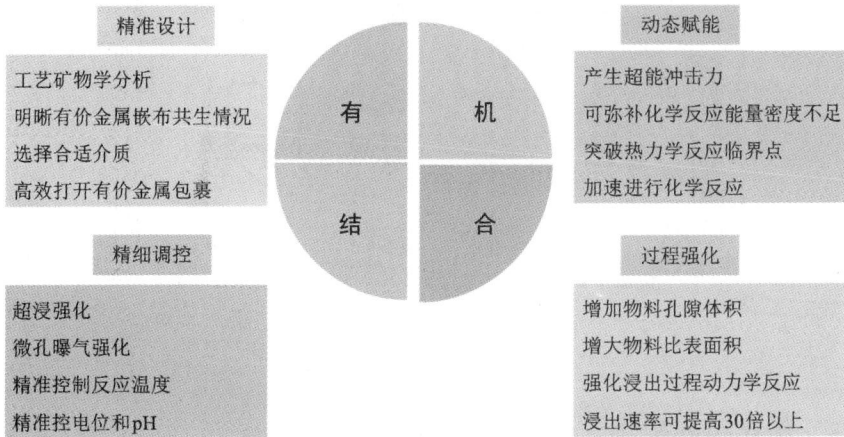

图 7-7　超能活化技术介绍

7.3.2　超能活化装备

超能活化装备实物如图 7-8 所示，其核心部件及介质可选用工程陶瓷、不锈钢或耐磨高分子材料等生产制造。其中，温度调节系统，可确保超能活化装备运行时温度稳定；电位/pH 监测系统，可实时监测超能活化过程电位和 pH；微孔曝气系统，可提高溶液中氧容量，进一步强化浸出反应；进/出料循环系统，可随时取样检测物料粒度和浸出效果，也可随时添加物料并使物料自动循环、自动上下料，实现自动化连续生产。

超能活化装备结构如图 7-9 所示。超能活化装备具有极高的研

图 7-8　超能活化装备实物图

剥力和能量密度，能把各种物料(莫氏硬度为 2~10)均匀粉碎到 1 μm 以内，可高效打开金属包裹，强化金属浸出过程。其生产效率较高，是滚筒球磨机的 10 倍以上；能耗低，是滚筒球磨机的 1/4，是气流磨的 1/13。超能活化装备还具有作业环境好、密闭性能好、无振动、低噪音等显著优点，在铜矿、黄金矿、锰矿、稀土

矿、锌矿、非金属矿等物料处理方面极具优势。

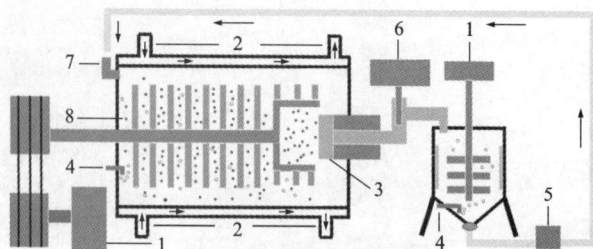

1—发动机；2—冷却水；3—筛网；4—微孔自暴气器；
5—泵；6—pH/mV 装置；7—进料口；8—氧化锆珠。

图 7-9　超能活化装备结构图

7.3.3　活化时间影响

超能活化装备频率与装置电机转动速度呈正向关系，频率越高，转速越快，超能活化装备研剥力和能量密度也就越大。控制超能活化装备频率在 60 Hz，以铁矾分解渣经超能活化预处理时间 1 min、2 min、3 min、4 min 和 5 min 后所得样品为原料。在温度 50℃、EP-1 添加量 1 g/L、液固比 L/S 为 4、活性炭浓度 45 g/L、空气流量 2.5 L/min、搅拌速度 350 r/min、反应时间 5 h 的条件下开展浸金实验，考察超能活化预处理时间对金浸出率的影响，实验结果如图 7-10 所示。

由图 7-10 可知，超能活化预处理可有效提高铁矾分解渣中金浸出率。随着超能活化预处理时间由 1 min 延长至 4 min，铁矾分解渣中金浸出率由 93.1% 上升至 96.8%，尾渣残留金含量由 1.55 g/t 降低至 0.76 g/t。继续延长超能活化预处理时间至 5 min，金浸出率为 97.1%，铁矾分解渣中金浸出率变化较小，考虑生产过程能耗问题，选取超能活化预处理时间 4 min 为优化条件。

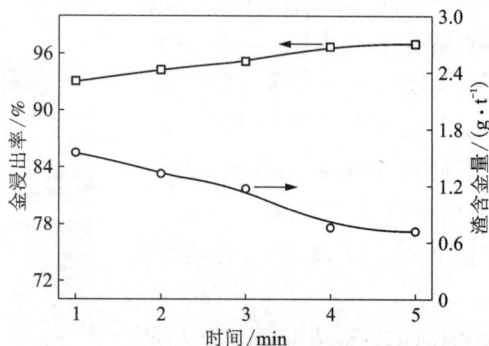

图 7-10　不同超能活化预处理时间对铁矾分解渣中金浸出率的影响

7.3.4　粒径分布规律及金赋存相分配行为

采用马尔文仪器公司 Mastersizer 3000 激光粒度分析仪测量考察了不同超能活化预处理时间矿浆粒度分布情况，样品中的跨度(S)可依据计算式(7-2)计算。

$$S = \frac{D_{90} - D_{10}}{D_{50}} \tag{7-2}$$

上述式中 D_{10}、D_{50} 和 D_{90} 与样品中 10%、50% 和 90% 以下颗粒尺寸相关。

在超能活化装备输入频率为 60 Hz 的条件下，采用马尔文仪器公司 Mastersizer 3000 激光粒度分析仪测量、考察了超能活化预处理时间为 1 min、2 min、3 min、4 min 和 5 min 时的矿浆粒度分布情况，粒度分析结果如表 7-1 和图 7-11 所示。

表 7-1　超能活化预处理过程样品粒度分布和跨度

时间/min	D_{10}/μm	D_{50}/μm	D_{90}/μm	S
1	5.68	21.58	43.13	1.74
2	7.10	18.71	31.11	1.28
3	1.68	6.54	14.12	1.88
4	0.58	1.18	5.66	4.31
5	0.54	1.12	4.55	4.11

由表 7-1 可知，铁矾分解渣经超能活化 1 min、2 min、3 min、4 min 和 5 min 后，所得样品 D_{10} 的粒径分布分别为 5.68 μm、7.10 μm、1.68 μm、0.58 μm 和 0.54 μm，D_{50} 的粒径分布分别为 21.58 μm、18.71 μm、6.54 μm、1.18 μm 和 1.12 μm，D_{90} 的粒径分布分别为 43.13 μm、31.11 μm、14.12 μm、5.66 μm 和 4.55 μm，样品的粒径跨度分别为 1.74、1.28、1.88、4.31 和 4.11。在 1 min 至 4 min 时间内，随着超能活化时间的延长，铁矾分解渣颗粒 D_{90} 粒径由 43.13 μm 减小至 5.66 μm，粒径变化较为明显。继续延长超能活化时间至 5 min，铁矾分解渣颗粒 D_{90} 粒径减小至 4.55 μm，铁矾分解渣颗粒粒径变化较小。

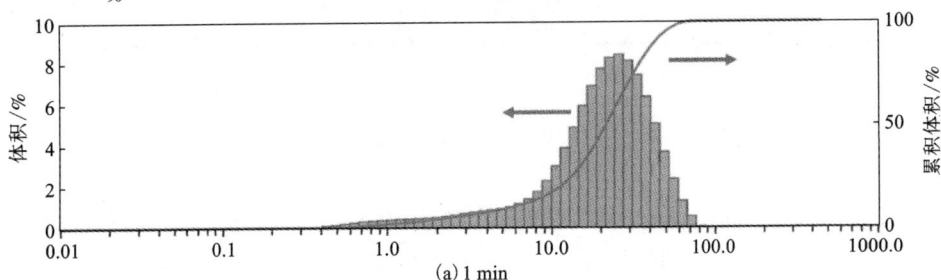

(a) 1 min

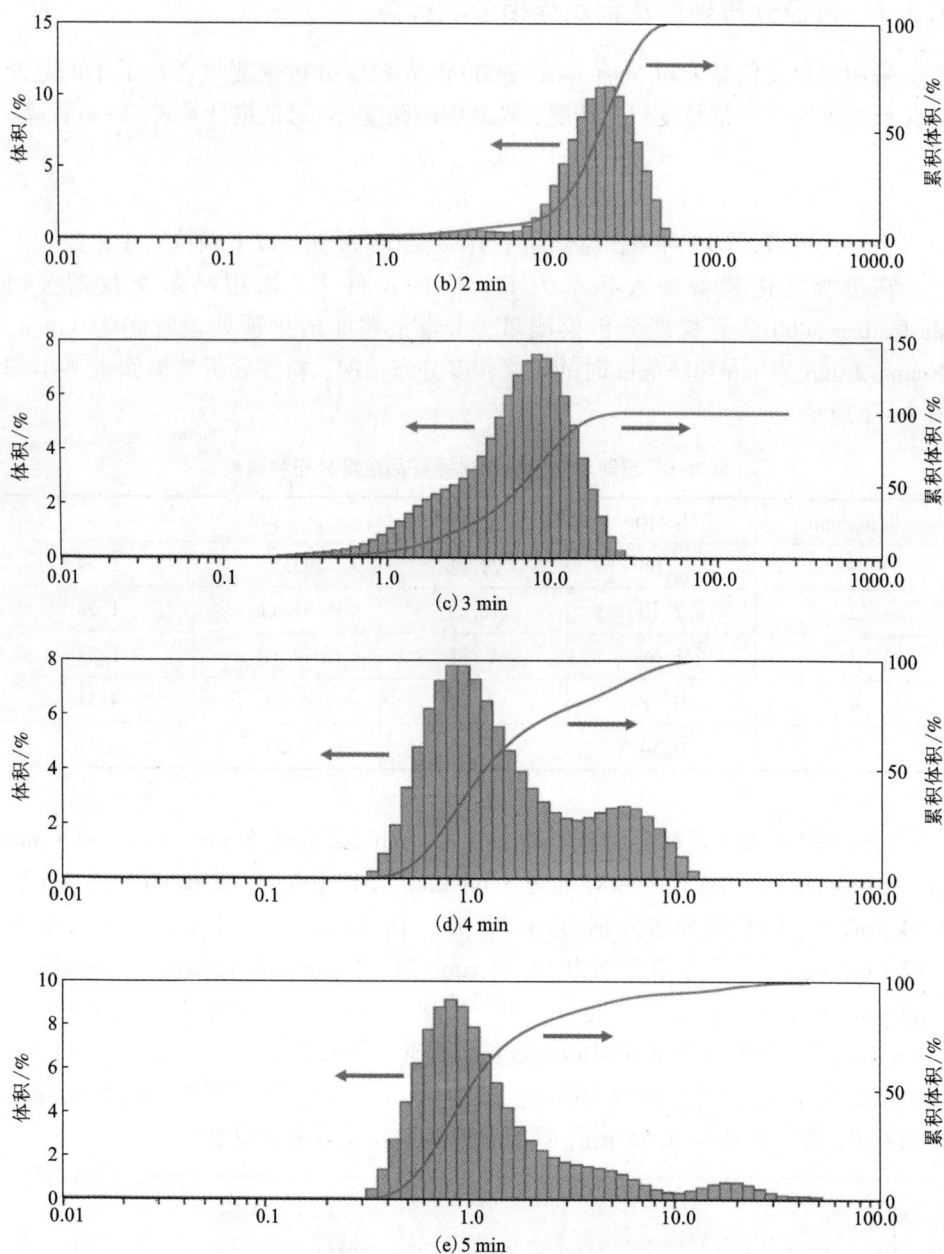

图 7-11   不同活化时间铁矾分解渣颗粒粒径分析

图 7-11 为不同活化时间铁矾分解渣颗粒粒径分析。由表 7-1 和图 7-11 可知，铁矾分解渣样品经超能活化 2 min 后，矿物粒径减小，跨度(S)降低，表明前

2 min 内样品出现整体粉碎现象。在这一阶段，颗粒大小呈现强单峰分布，左侧坡度相对右侧较为平缓，右侧坡度陡峭，进一步验证了断裂机制是破碎引起。铁矾分解渣样品经超能活化 3 min 后，PSD 曲线的右半部分向左移动，粒径持续减小，表明样品被连续研磨粉碎。铁矾分解渣样品经超能活化 4 min 后，D_{10} 值由 1.68 μm 降低至 0.58 μm，PSD 曲线的右半部分明显向左移动，粒径持续减小，表明样品仍可以被研磨粉碎。虽然样品最大粒径仅为 12.7 μm，但颗粒大小由单峰分布向双峰分布转变，表明出现了团聚和第一个表观研磨极限。继续延长超能活化时间至 5 min，双峰分布更加明显，同时细小颗粒的左峰向左移动不明显，代表团聚颗粒的右峰逐渐向右移动，但右峰强度未出现明显增强，这是由于超能活化预处理过程中团聚过程和破碎过程相互抵消了。

　　超能活化装备中锆珠的直径为 0.6~0.8 mm，研磨介质直径大小对超能活化预处理过程中铁矾分解渣颗粒粒径大小有一定影响。当超能活化装备中锆珠直径一定时，矿物粒度存在研磨极限，而超能活化预处理过程达到研磨极限后，继续延长超能活化时间，矿物粒度变化则较小。对比图 7-10 中不同超能活化预处理时间金浸出率结果可知，降低矿物粒径可有效提高金浸出率。对铁矾分解渣和超能活化预处理 4 min 后样品的金物相分布进行分析，结果如图 7-12 所示。

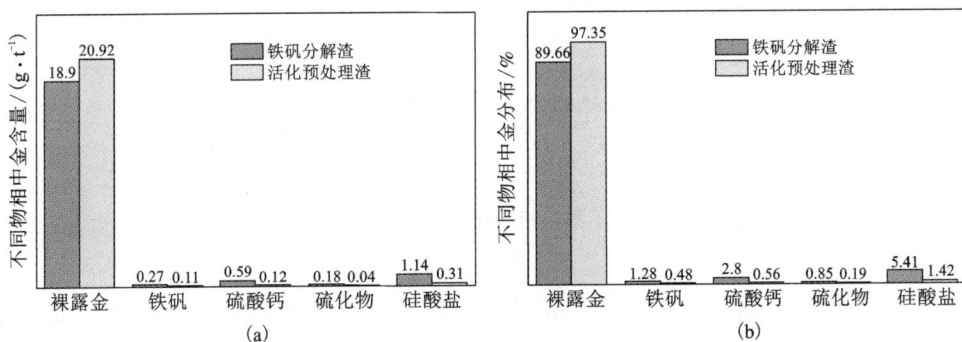

图 7-12　铁矾分解渣和活化预处理渣中不同物相金含量(a)及分布比例(b)

　　对比图 7-12 中铁矾分解渣超能活化预处理前后不同物相金含量及分布比例可知，铁矾分解渣经超能活化预处理后，裸露金含量和占比分别由 18.90 g/t 和 89.66% 上升至 20.92 g/t 和 97.35%，铁矾包裹金含量和占比分别由 0.27 g/t 和 1.28% 降低至 0.11 g/t 和 0.48%，硫酸钙包裹金含量和占比分别由 0.59 g/t 和 2.80% 降低至 0.12 g/t 和 0.56%，硫化物包裹金含量和占比分别由 0.18 g/t 和 0.85% 降低至 0.04 g/t 和 0.19%，硅酸盐包裹金含量和占比分别由 1.14 g/t 和 5.41% 降低至 0.31 g/t 和 1.42%。超能活化预处理可有效打开硅酸盐和硫酸钙对金的包裹，利于金的高效提取。

7.3.5 物相演变及晶格应变规律

通过 X 射线衍射分析，研究了铁矾分解渣在超能活化预处理过程中的微观结构变化。由图 7-13 可知，不同粒径样品的主要物相均为硫酸钙($CaSO_4$)和二氧化硅(SiO_2)。超能活化预处理过程中未出现新的峰，也没有移动位置的峰，表明超能活化预处理过程中基本无物相转变。随着超能活化预处理时间延长，粒径逐渐减小，硫酸钙中衍射峰(100)和衍射峰(111)峰强度逐渐下降，二氧化硅中衍射峰(101)峰强度逐渐下降，推测是微观结构变化的原因，如晶格应变和晶粒尺寸的减小。

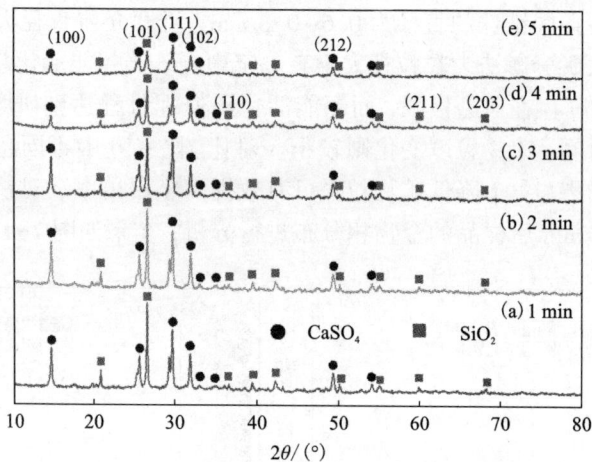

图 7-13　不同超能活化时间样品 XRD 图谱

当超能活化预处理时间达 5 min 时，二氧化硅中低强度的衍射峰(110)、衍射峰(211)和衍射峰(203)消失，表明二氧化硅中部分晶格在外力作用下出现选择性断裂，而结晶良好的晶格出现非晶化现象。超能活化预处理过程中物料和介质在高速旋转运动条件下产生超高能量冲击力，颗粒接触表面出现无序化，晶格出现畸变，形成位错形式的晶格缺陷，导致了矿物结晶度下降。

图 7-14 为铁矾分解渣在不同超能活化时间条件下所得样品的半高全宽值。通常半高全宽值(FWHM)可作为衡量超能活化的效果。由图 7-14 可知，样品的半高全宽值(FWHM)随着超能活化时间的延长逐渐增加，当超能活化时间为 4 min 时，样品的半高全宽值为 0.38。继续延长超能活化时间至 5 min，样品的半高全宽值为 0.39，变化较小，表明超能活化预处理 5 min 后晶粒尺寸和晶格应变趋于稳定。

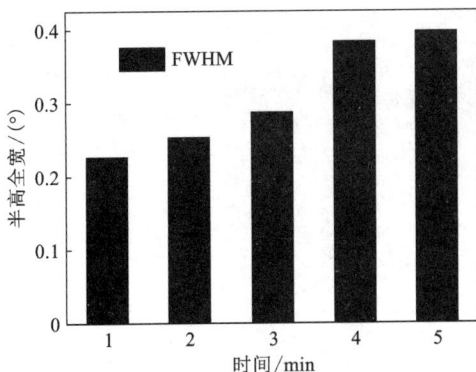

图 7-14　不同超能活化时间条件下样品的半高全宽值

7.3.6　元素分布行为及微区分析

由图 7-15 可知，铁矾分解渣经超能活化预处理 4 min 后粒度明显下降，与粒径分析结果趋势一致。由图 7-15(a)可知，区域 1 中铁、硫、硅、钙和氧原子数量占比分别为 2.73%、0.31%、6.37%、28.34% 和 62.25%。钙和氧原子数量占比较多，硫、铁和硅原子数量占比较少，表明区域 1 主要成分为钙氧化物，推测是铁矾分解时残留的氢氧化钙在干燥过程中脱水所得。区域 2 中铁、硫、硅、钙和氧原子数量占比分别为 0.31%、16.11%、1.11%、16.46% 和 66.01%。钙、硫和氧原子数量占比较多，铁和硅原子数量占比较少，表明区域 2 主要成分为硫酸钙。区域 2 表面存在裂缝，推测是强碱性条件下部分硫酸钙溶解所致。区域 3 中铁、硅、钙和氧原子数量占比分别为 0.42%、26.38%、0.14% 和 73.06%，硅和氧原子数量占比较多，铁和钙原子数量占比较少，未检测出硫，表明区域 3 主要成分为二氧化硅。区域 3 表面无明显裂痕，在碱性体系铁矾分解过程中，二氧化硅性质较为稳定。

由图 7-15(b)可知，区域 4 中铁、硫、硅、钙和氧原子数量占比分别为 1.71%、7.15%、4.56%、7.43% 和 79.16%，钙和硫原子数量占比较为相近，表明区域 4 含有硫酸钙和二氧化硅混合物。区域 5 中铁、硫、硅、钙和氧原子数量占比分别为 1.45%、0.61%、17.14%、1.25% 和 79.56%。硅和氧原子数量占比较多，硫、铁和钙原子占比较少，表明区域 5 的主要成分为二氧化硅。区域 6 中铁、硫、硅、钙和氧原子数量占比分别为 16.20%、0.57%、5.47%、3.07% 和 74.7%。铁和氧原子数量占比较多，硅、硫和钙原子数量占比较少，表明区域 6 的主要成分为铁氧化物。铁矾在碱性条件下生成氢氧化铁，氢氧化铁在干燥过程中脱水生成氧化铁，这与铁矾分解渣 XRD 物相分析结果一致。

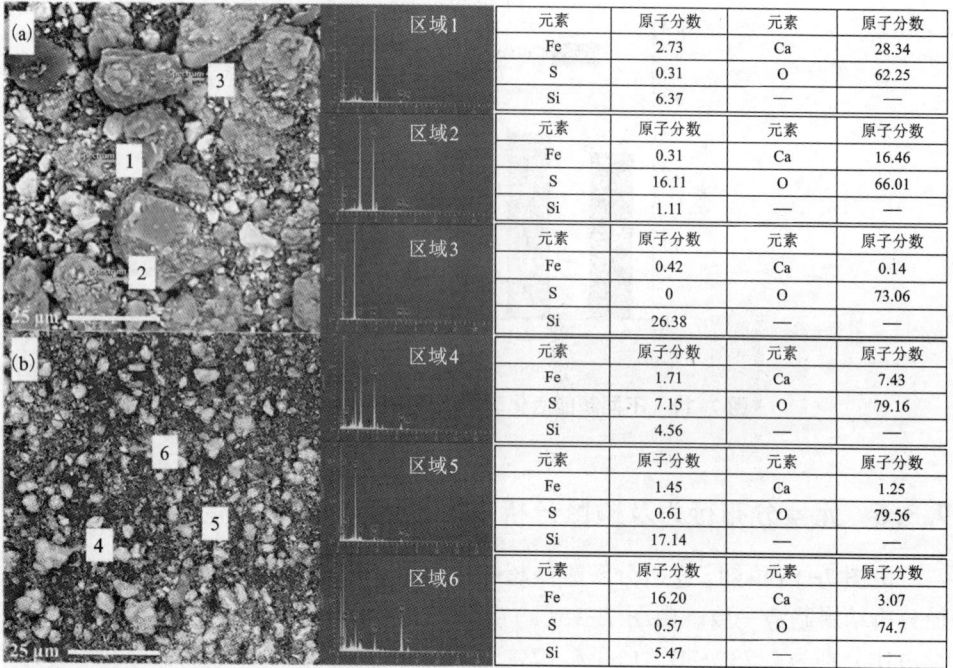

区域1

元素	原子分数	元素	原子分数
Fe	2.73	Ca	28.34
S	0.31	O	62.25
Si	6.37	—	—

区域2

元素	原子分数	元素	原子分数
Fe	0.31	Ca	16.46
S	16.11	O	66.01
Si	1.11	—	—

区域3

元素	原子分数	元素	原子分数
Fe	0.42	Ca	0.14
S	0	O	73.06
Si	26.38	—	—

区域4

元素	原子分数	元素	原子分数
Fe	1.71	Ca	7.43
S	7.15	O	79.16
Si	4.56	—	—

区域5

元素	原子分数	元素	原子分数
Fe	1.45	Ca	1.25
S	0.61	O	79.56
Si	17.14	—	—

区域6

元素	原子分数	元素	原子分数
Fe	16.20	Ca	3.07
S	0.57	O	74.7
Si	5.47	—	—

图 7-15　铁矾分解渣(a)及其超能活化时间 4 min 后样品(b)EDS 图谱

　　由图 7-16(a)可知，铁矾分解渣中铁、氧、硫、硅和钙呈现局部高度富集状态。结合铁矾分解渣 XRD 物相分析结果和 EDS 能谱分析结果可知，铁主要以氧化铁形式存在，钙主要以硫酸钙形式存在，硅主要以二氧化硅形式存在。由图 7-16(b)可知，铁矾分解渣经过超能活化预处理 4 min 后，样品中铁、氧、硫、硅和钙比铁矾分解渣分布均匀，但仍然存在钙、硫、硅和氧少量富集情况。部分二氧化硅颗粒相对较大，这是由于二氧化硅硬度大，超能活化预处理过程中较难破碎。结合图 7-12 中铁矾分解渣和超能活化预处理 4 min 后所得样品金物相分析结果可知，硅酸盐中仍存在少量金被包裹，进一步降低二氧化硅粒度有利于包裹金的释放。

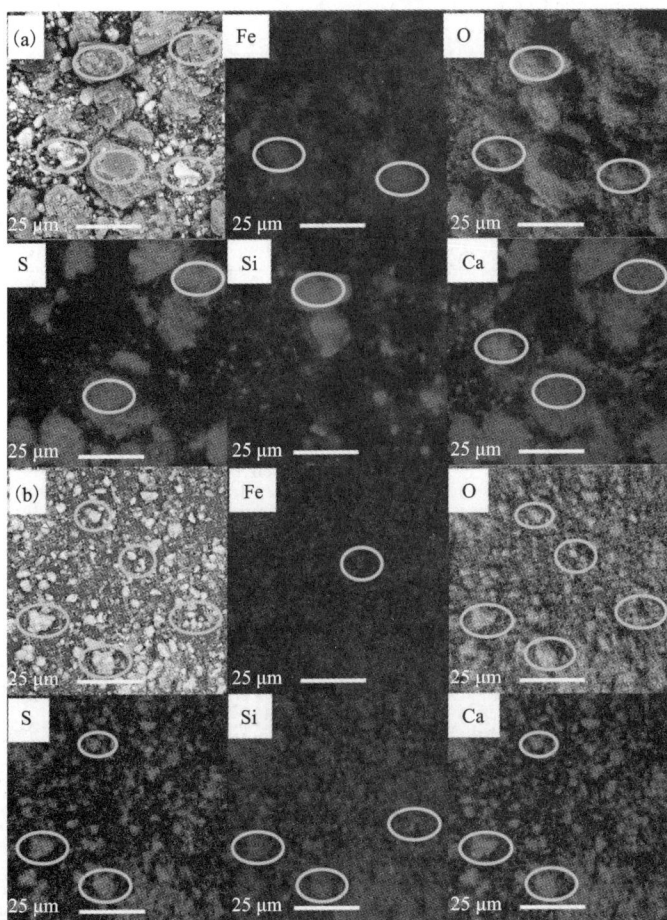

图 7-16   铁矾分解渣(a)及其超能活化时间 4 min 后样品(b)SEM-Mapping 图

7.3.7   比表面积及孔径分布演变规律

由图 7-17(a)和图 7-17(d)吸脱附曲线可知，铁矾分解渣和超能活化预处理样品在相对压力(p/p_0)值为 0～1 时，吸附量最大值分别为 9.64 cm^3/g 和 61.26 cm^3/g。由图 7-17(b)和图 7-17(e)孔径与孔隙表面积关系可知，铁矾分解渣和超能活化预处理样品孔隙表面积均随着孔径增大而增大。当铁矾分解渣孔径为 48.37 nm 时，孔隙表面积最大值为 1.13 m^2/g。当超能活化预处理样品孔径为 61.15 nm 时，孔隙表面积最大值为 20.36 m^2/g。

由图 7-17(c)和图 7-17(f)孔径与累积孔隙体积关系可知，铁矾分解渣和超

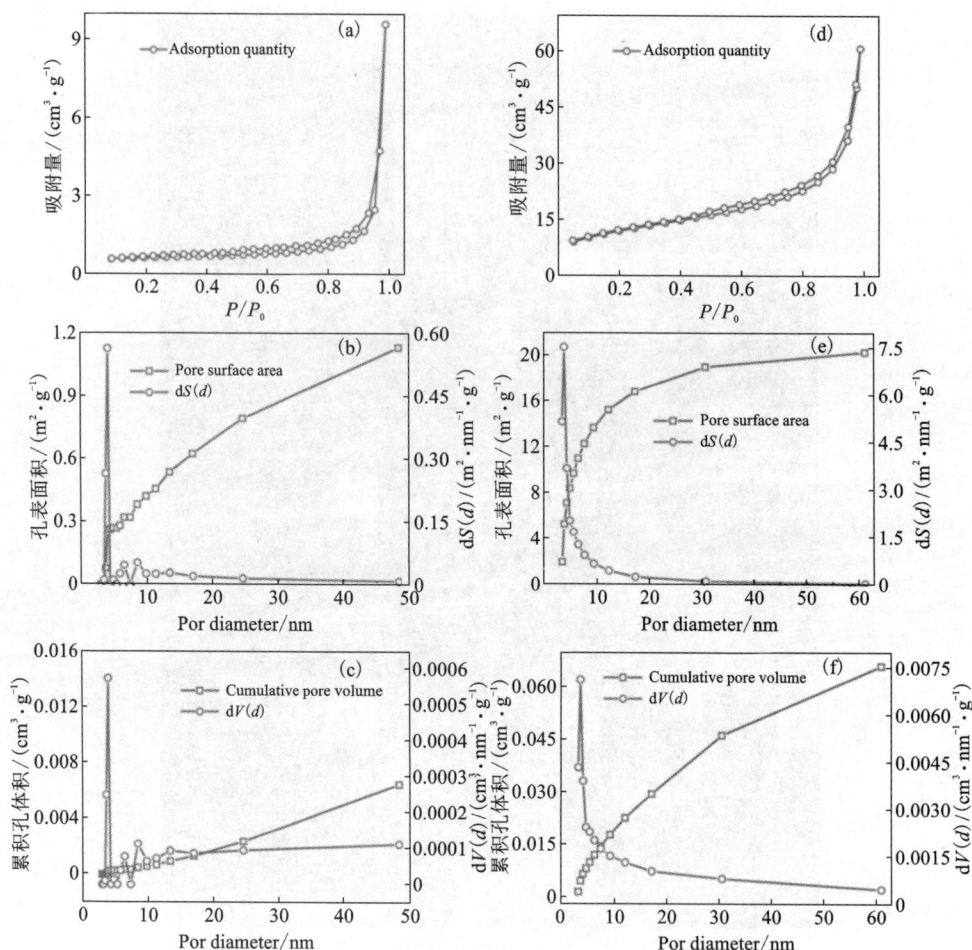

图 7-17 铁矾分解渣吸脱附曲线(a);铁矾分解渣孔径与孔隙表面积关系(b);铁矾分解渣孔径与累积孔隙体积关系(c);超能活化预处理样品吸脱附曲线(d);超能活化预处理样品孔径与孔隙表面积关系(e);超能活化预处理样品孔径与累积孔隙体积关系(f)

能活化预处理样品累积孔隙体积均随着孔径增大而增大。当铁矾分解渣孔径为 48.37 nm 时,累积孔隙体积最大值为 0.0065 cm^3/g。当超能活化预处理样品孔径为 61.15 nm 时,累积孔隙体积最大值为 0.066 cm^3/g。上述结果表明,超能活化预处理样品在吸附量、孔隙表面积和累积孔隙体积方面均优于铁矾分解渣。

图 7-18 为铁矾分解渣和超能活化预处理样品的比表面积和孔隙体积对比图。由图 7-18 可知,铁矾分解渣的比表面积和孔隙体积分别为 2.076 m^2/g 和 0.014 cm^3/g,超能活化预处理样品的比表面积和孔隙体积分别为 42.612 m^2/g 和

0.082 cm³/g，所以超能活化预处理样品的比表面积和孔隙体积均大于铁矾分解渣。铁矾分解渣经超能活化预处理后，矿物粒径减小，矿物比表面积增大，浸出剂与超能活化预处理样品固液接触更加充分，可进一步强化浸金过程中的动力学反应。此外，超能活化预处理样品孔隙体积增大有利于浸金剂分子穿过孔隙后渗透进入矿物内部，与矿物内部粒径极小的微粒金充分反应，实现金的深度浸出。

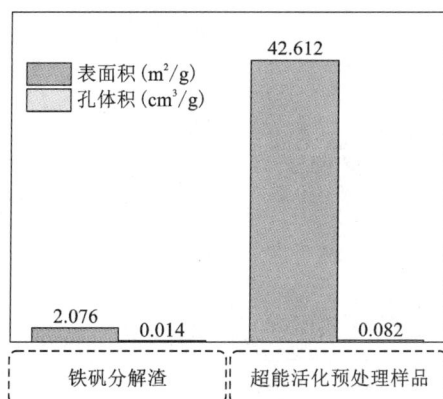

图 7-18　铁矾分解渣和超能活化预处理样品的比表面积和孔隙体积

7.3.8　超能活化提金工艺特征解析

由铁矾分解渣超能活化深度提金实验结果可知，以铁矾分解渣经超能活化装备(输入频率 60 Hz)预处理 4 min 后所得样品为原料，在反应温度 50℃、EP-1 添加量 1 g/L、液固比 L/S 为 4、活性炭浓度 45 g/L、空气流量 2.5 L/min、搅拌速度 350 r/min、反应时间 5 h 的条件下，超能活化预处理样品中金浸出率达 96.8%，尾渣残留金含量降低至 0.76 g/t。超能活化预处理可有效提高金浸出率，卡林型金精矿酸性加压氧化预处理-碱性体系铁矾分解-超能活化深度提金工艺裸露金占比及主要物相转变过程如图 7-19 所示。卡林型金精矿经酸性加压氧化预处理-碱性体系铁矾分解-超能活化预处理工序，矿物中裸露金含量由 3.47% 上升至 97.35%，利于金的高效提取。

卡林型金精矿深度提金工艺流程如图 7-20 所示。由图 7-20 可知，超能活化预处理工序可添加在碱性体系铁矾分解工序和炭浸工序之间，原有工艺流程维持不变。超能活化预处理可有效提高金浸出率，浸出阶段采用活性炭吸附还可实现溶液中金离子高效吸附，溶液中残留金离子浓度接近于 0。超能活化预处理过程中矿浆粒度降低至 10 μm 以下，虽然压滤过程中洗涤较为困难，但溶液中金离子含量接近于 0 时，基本不存在尾渣夹杂金损失问题，然而仍需考虑购置专用滤膜

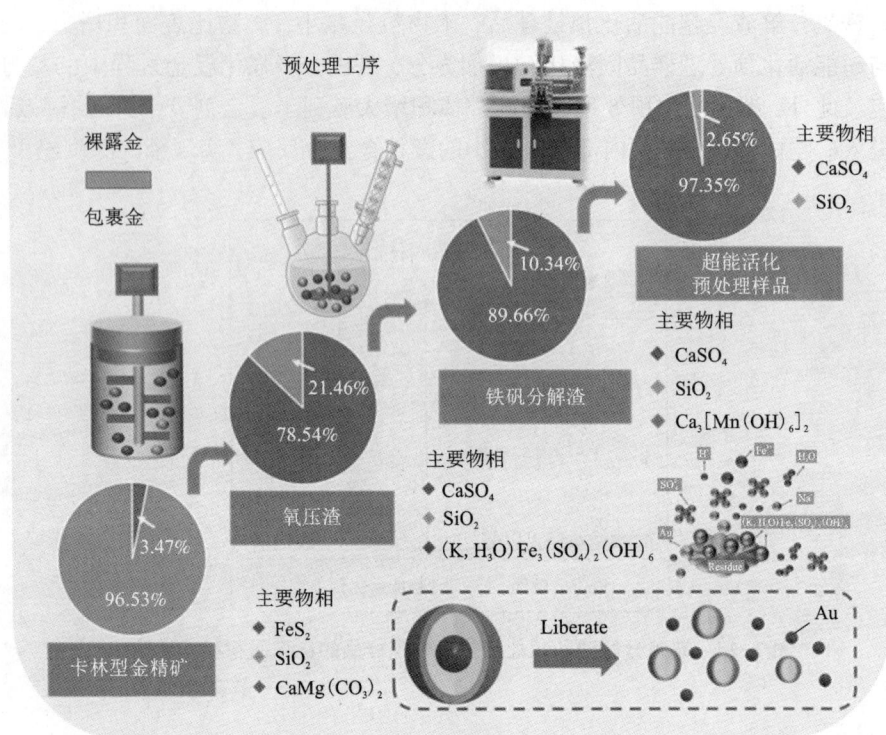

图7-19　卡林型金精矿深度提金工艺裸露金占比及主要物相转变过程

以延长滤膜使用寿命。

由于实验室超能活化装备规格较小，腔体体积仅为 0.6 L，超能活化预处理过程中主要以时间作为参考。工业生产中，超能活化装备腔体体积（200～3000 L）可依据生产规模调整。工业所用超能活化装备以遍数作为参考，浆料由进料口进入腔体，经活化预处理后由出料口出料为一遍。工业生产过程中，采用 200 L 以上规格超能活化装备，添加粒径为 0.6～0.8 mm 的锆珠，通过控制超能活化装备出料流速和输入频率，超能活化装备活化预处理一遍即可将矿物粒度最低降低至 2 μm 以下。超能活化预处理过程中，每处理 1 t 矿电耗约 23～28 kW·h，超能活化装备及锆珠损耗约 25～30 元，设备运行成本在可控范围内。添加超能活化预处理工序后，铁矾分解渣中金回收率可由 91% 提高至 97% 左右，具有潜在工业应用可能性。

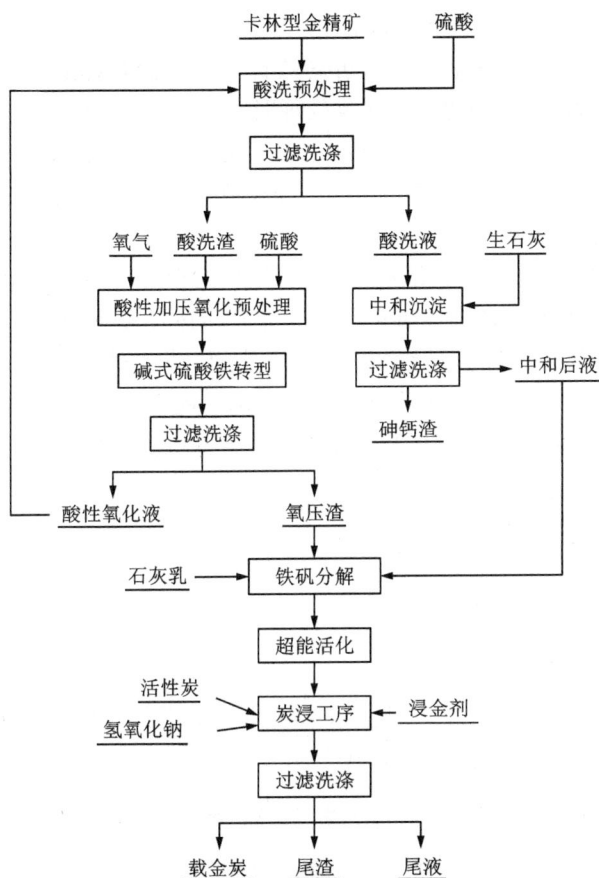

图 7-20　卡林型金精矿深度提金工艺流程图

7.4　本章小结

本章针对铁矾分解渣硅酸盐包裹金无法有效浸出难题，开展了铁矾分解渣碱性 EP-1 体系深度提金研究。主要结果和结论如下：

（1）开展了铁矾分解渣超声强化深度提金研究，明确了超声强化频率对 EP-1 体系提金影响。在温度 50℃、EP-1 添加量 1 g/L、液固比 L/S 为 4、活性炭浓度 45 g/L、搅拌速度 350 r/min、空气流量 2.5 L/min、反应时间 5 h 的条件下，当超声频率由 10 kHz 提高至 90 kHz 时，铁矾分解渣中金浸出率由 91.6% 提高至 93.1%。铁矾分解渣内部本身存在空隙和裂缝，超声波具有剥离效果，在超声波的作用下，浸出过程中浸出渣内部的孔隙和裂隙得到进一步的扩展，有利于金与浸金剂的接触，从而提高金的浸出率。

（2）开展了铁矾分解渣超能活化深度提金研究，明确了超能活化输入频率对 EP-1 体系提金影响，超能活化过程可高效打开硅酸盐和硫酸钙对金的包裹。超能活化装备频率为 60 Hz，超能活化预处理时间 4 min 时，在温度 50℃、EP-1 添加量 1 g/L、空气流量 2.5 L/min、液固比 L/S 为 4、活性炭浓度 45 g/L、搅拌速度 350 r/min、反应时间 5 h 的条件下，铁矾分解渣中金浸出率为 96.8%，浸出渣残留金含量降低至 0.76 g/t。

（3）明确了超能活化作用机制，超能活化预处理可有效释放硅酸盐和硫酸钙包裹金。超能活化过程中物料和介质在高速旋转运动条件下产生超高能量冲击力，颗粒接触表面出现无序化，晶格出现畸变，形成位错形式的晶格缺陷，导致了矿物结晶度下降，有利于包裹金的深度解离。超能活化预处理可降低颗粒粒度，增大颗粒比表面积和孔隙体积，强化金浸出过程，利于金的深度高效提取。

第 8 章　不同体系提金工艺分析

8.1　引言

硫脲、多硫化钠和 EP-1 作为环保浸金剂，均可实现铁矾分解渣中金的有效浸出。考虑硫脲、多硫化钠和 EP-1 理化性质和浸金原理差异，在实际生产过程中需要依据特定浸金体系设计生产工序、优化工艺参数和配备生产装备，以实现金的高效提取。为了进一步明确不同体系提金工艺优劣所在，需要对不同体系提金工艺流程、浸金指标和环境属性进行分析，选取、优化提金体系，实现高效提取金的同时，提高经济效益，降低生产成本。

8.2　提金工艺流程对比

8.2.1　硫脲体系提金工艺流程

硫脲体系提金工艺流程如图 8-1 所示。

硫脲在酸性体系下可与金反应形成稳定配合物，反应速度快；而碱性体系下硫脲不稳定，极易分解为硫化物和含氮化合物。卡林型金精矿经酸性加压氧化预处理-碱性体系铁矾分解后，溶液呈碱性，需加入硫酸进行酸化处理，维持 pH 在 2 以下。碱性体系铁矾分解过程中多采用石灰乳调节 pH，使硫酸酸化过程中易生成硫酸钙沉淀。

酸性氧化液中含有硫酸成分，理论上可作为潜在酸液来源，用于铁矾分解浆料的酸化预处理。但实际生产过程中，酸性加压氧化预处理所得酸性氧化液中含大量贱金属杂质，铁离子浓度为 30 g/L 以上。采用酸性氧化液对铁矾分解浆料进行酸化会引入大量贱金属杂质和铁离子，而贱金属杂质可与硫脲反应生成配合物，铁离子浓度过高会催化硫脲分解，两者均会提高硫脲消耗量，不利于企业控制生产成本。

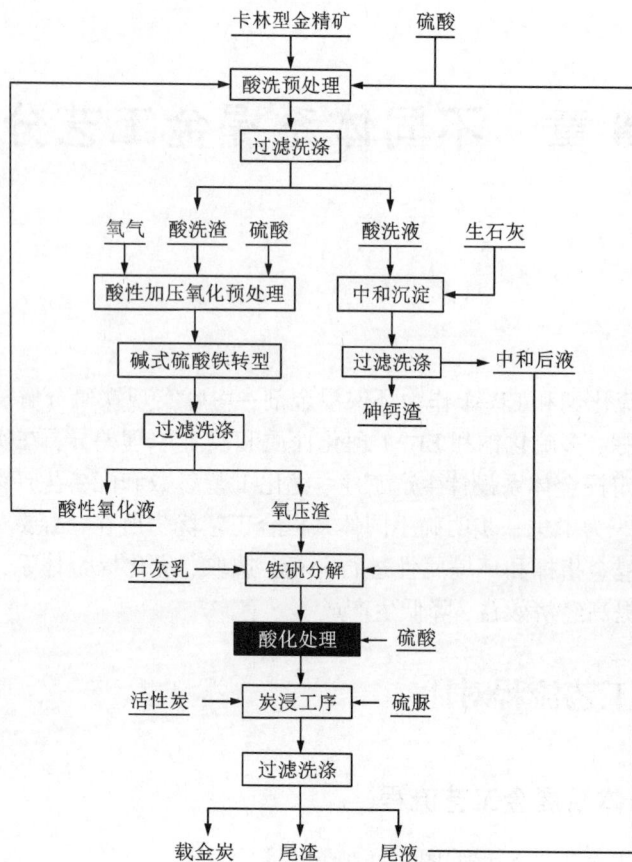

图 8-1 硫脲体系提金工艺流程图

8.2.2 多硫化钠体系提金工艺流程

多硫化钠体系提金工艺流程如图 8-2 所示。

多硫化钠离子主要为 S_4^{2-} 和 S_5^{2-}，可与金反应形成稳定的五元环和六元环配合物。卡林型金精矿经酸性加压氧化预处理-碱性体系铁矾分解后，碱性体系铁矾分解工序产生的矿浆呈碱性，与多硫化钠浸金过程体系碱度接近，pH 稍作调整即可用于多硫化钠提金工序。多硫化钠热稳定性差，因此浸金过程反应温度不宜高于 35℃。碱性体系铁矾分解工序中矿浆温度维持在 90℃左右，仍需进一步降温冷却至 35℃左右方可进行多硫化钠浸金。多硫化钠试剂便宜，但多硫化钠用量较大，浸金过程中存在部分硫化物和元素硫包覆在矿物表面现象，不利于矿物中金与多硫化钠接触。多硫化钠浸金过程产生的尾液可用于碱性体系铁矾分解预处理工序，有效减少废水的排放。

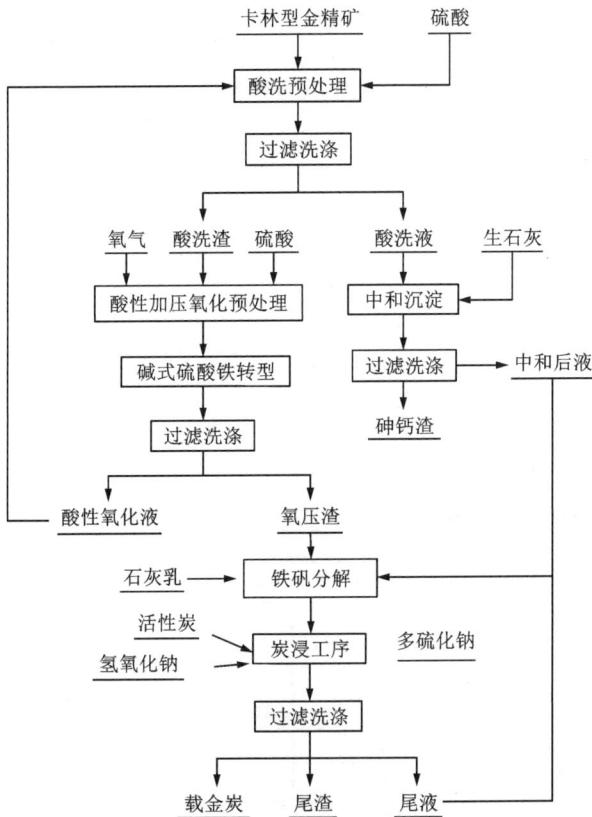

图 8-2 多硫化钠体系提金工艺流程图

8.2.3 EP-1 体系提金工艺流程

EP-1 体系提金工艺流程如图 8-3 所示。

EP-1 体系中碳化三聚氰酸钠和甘氨酸均可与金反应形成稳定的配合物。卡林型金精矿经酸性加压氧化预处理-碱性体系铁矾分解后,碱性体系铁矾工序产生的矿浆呈碱性,与 EP-1 浸金过程体系碱度接近,pH 稍作调整可用于 EP-1 体系提金工序。EP-1 体系热稳定性相对硫脲体系和多硫化钠体系具有优势,碱性体系铁矾分解工序中矿浆温度维持在 90℃左右,矿浆降温冷却至 50~60℃,即可进行 EP-1 体系浸金。EP-1 试剂合成价格便宜,用量较硫脲和多硫化钠少,体系温和稳定,方便生产管理。EP-1 浸金过程产生的尾液可用于碱性体系铁矾分解预处理工序,有效减少废水的排放。

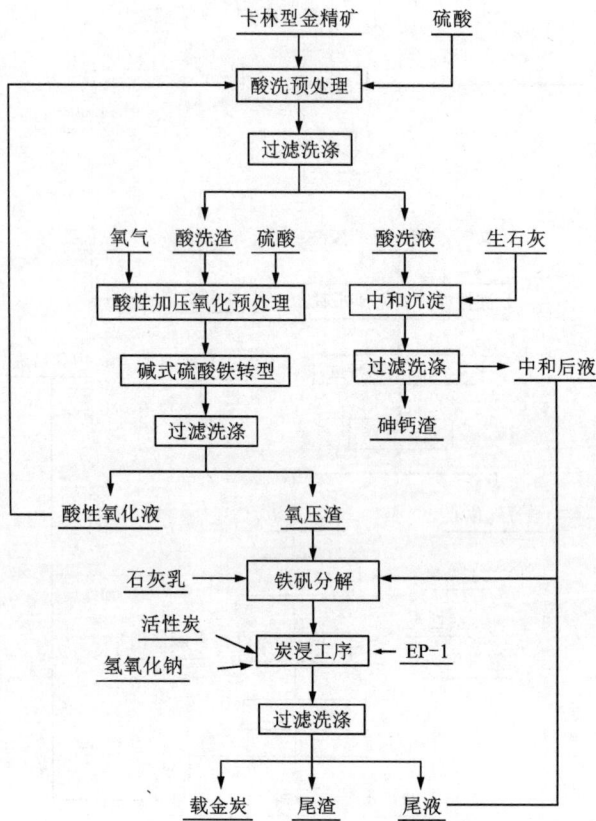

图 8-3 EP-1 体系提金工艺流程图

8.3 尾渣浸出毒性对比

依照我国《固体废物浸出毒性浸出方法 硫酸硝酸法》(HJ/T 299—2007)对不同提金体系提金尾渣进行尾渣毒性分析检测。依照《固体废物鉴别标准 通则》(GB 34330—2017)和《危险废物鉴别标准 浸出毒性鉴别》(GB 5085.3—2007),上述元素在浸出液中危害成分浓度限值如表 8-1 所示。

表 8-1 危险废物浸出毒性鉴别标准值

危害成分	As	Cd	Cr	Cu	Pb	Zn	CN⁻
浓度限值/(mg·L⁻¹)	5	1	5	100	5	100	5

由表 8-1 可知，尾渣中固体废物浸出毒性 As、Cd、Cr、Cu、Pb 和 Zn 浓度鉴别标准值分别为 5 mg/L、1 mg/L、5 mg/L、100 mg/L、5 mg/L 和 100 mg/L。硫脲体系提金尾渣、多硫化钠体系提金尾渣和 EP-1 体系提金尾渣毒性浸出实验结果分别如图 8-4、图 8-5 和图 8-6 所示。

8.3.1　硫脲体系提金尾渣浸出毒性

酸性硫脲体系提金尾渣浸出毒性结果如图 8-4 所示。

由图 8-4 可知，硫脲体系尾渣毒性浸出渗滤液中砷、镉、铬、铜、铅和锌离子浓度分别为 0.34 mg/L、0.013 mg/L、0.058 mg/L、0.0032 mg/L、0.0064 mg/L 和 0.0022 mg/L。浸出液中砷离子浓度相对较高，其他元素离子浓度较低。对比表 8-1 可知，硫脲体系尾渣毒性浸出渗滤液各离子浓度均低于危险废物浸出毒性标准值。

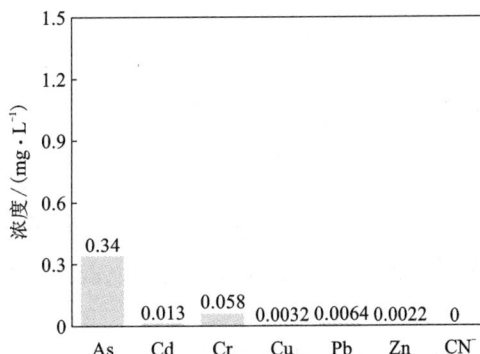

图 8-4　硫脲体系毒性浸出渗滤液中各离子浓度

8.3.2　多硫化钠体系提金尾渣浸出毒性

碱性多硫化钠体系提金尾渣浸出毒性结果如图 8-5 所示。

由图 8-5 可知，多硫化钠体系尾渣毒性浸出渗滤液中砷、镉、铬、铜、铅和锌离子浓度分别为 1.29 mg/L、0.011 mg/L、0.075 mg/L、0.0025 mg/L、0.0016 mg/L 和 0.0019 mg/L。渗滤液中砷离子浓度相对较高，其他元素离子浓度较低。对比表 8-1 可知，多硫化钠体系尾渣毒性浸出渗滤液各离子浓度均低于危险废物浸出毒性标准值。

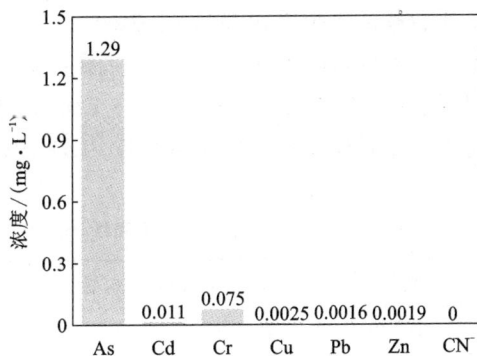

图 8-5　多硫化钠体系毒性浸出渗滤液中各离子浓度

8.3.3 EP-1体系提金尾渣浸出毒性

EP-1体系提金尾渣浸出毒性结果如图8-6所示。

由图8-6可知,EP-1体系尾渣毒性浸出渗滤液中砷、镉、铬、铜、铅和锌离子浓度分别为1.14 mg/L、0.0048 mg/L、0.083 mg/L、0.0013 mg/L、0.0017 mg/L和0.0026 mg/L。渗滤液中氰根离子浓度为0.14 mg/L,为EP-1试剂高温合成过程中产生副反应生成游离氰根所致。对比表8-1可知,EP-1体系尾渣毒性浸出渗滤液各离子浓度均低于危险废物浸出毒性标准值。

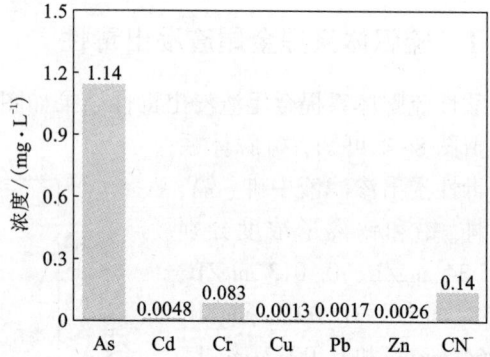

图 8-6 EP-1体系毒性浸出渗滤液中各离子浓度

8.4 不同体系浸金指标对比

基于优化工艺研究,硫脲浸金体系反应时间2 h、活性炭浓度50 g/L、搅拌速度400 r/min、温度30℃、pH 1.3~1.5、空气流量1.5 L/min、液固比L/S为3、硫脲浓度4 g/L条件下,铁矾分解渣中金浸出率为85.7%。

多硫化钠浸金体系pH 10.5~11.5、反应温度35℃、液固比L/S为3、活性炭浓度40 g/L、搅拌速度410 r/min、多硫化钠浓度9 g/L、时间1.5 h的优化条件下,铁矾分解渣中金浸出率为90.2%。

EP-1体系pH 11.0~11.5、反应温度50℃、EP-1浓度1 g/L、液固比L/S为3、活性炭浓度45 g/L、空气流量2.5 L/min、搅拌速度350 r/min,反应时间为5 h优化条件下,铁矾分解渣中金浸出率为91.6%。具体参数对比如表8-2所示。

表8-2 不同提金工艺浸金指标对比

浸金体系	硫脲浸金体系	多硫化钠浸金体系	EP-1浸金体系
时间/h	2	1.5	5
活性炭浓度/(g·L^{-1})	50	40	45
搅拌速度/(r·min^{-1})	400	410	350

续表8-2

浸金体系	硫脲浸金体系	多硫化钠浸金体系	EP-1 浸金体系
浸出温度/℃	30	35	50
pH	1.3~1.5	10.5~11.5	11.0~11.5
浸出介质	硫酸	氢氧化物	氢氧化物
氧化剂	空气	—	空气
液固比	3	3	3
金回收方法	活性炭吸附/解析	活性炭吸附/解析	活性炭吸附/解析
溶金速度	较快	较快	快
设备腐蚀	腐蚀大	腐蚀较小	腐蚀较小
浸金试剂稳定性	不稳定	不稳定	稳定
浸金试剂消耗/$(kg \cdot t^{-1})$	12	27	3
酸/碱性	酸性	碱性	碱性
试剂毒性	普通药剂	普通药剂	普通药剂
尾渣毒性	普通固废	普通固废	普通固废
金浸出率/%	85.7	90.2	91.6

由表8-2可知,硫脲体系和多硫化钠体系溶金速度较快,分别只需2 h和1.5 h。EP-1体系溶金速度慢于上述两体系,浸出时间需5 h,但相对氰化体系24~48 h而言,浸金速度大幅提高。上述三个体系均采用活性炭吸附/解析方法回收金,活性炭浓度为40~50 g/t,相差较小。黄金冶炼厂采用炭浸法(CIL)实际生产过程中会使用多个浸出槽串联,浸出槽按一定坡度排列,浆料由上至下流动,活性炭通过提炭设备由底部浸出槽往顶部浸出槽移动,当顶部浸出槽活性炭载金量为3000 g/t以上时,定期从顶部浸出槽提取载金炭,实现载金炭开路,由底部浸出槽补充新活性炭,以维持体系炭含量平衡。

对比上述三个体系搅拌速度数值可知,EP-1体系搅拌速度仅需350 r/min,硫脲体系和多硫化钠体系搅拌速度需400 r/min,加快搅拌速度可强化固液传质过程,这表明EP-1体系以相对较低搅拌速度即可达到较好浸金效果。企业生产过程中多采用大型搅拌机搅拌可减缓搅拌速度,有利于节省能耗,提高企业生产过程中经济效益。

上述硫脲体系和多硫化钠体系浸出温度分别为30℃和35℃,硫脲和多硫化钠浸出过程中热稳定性较差。EP-1体系浸出温度为50℃,EP-1在浸出过程中热稳定性较好,适当升高温度有利于溶液传质,利于金的浸出。硫脲体系浸出介质为硫酸,浸出 pH 为 1.3~1.5,酸性条件下对设备有一定腐蚀,工业生产中需配备专业耐腐蚀设备,必要时可外涂耐腐蚀材料,以延长设备使用寿命。多硫化钠体系和 EP-1 体系浸出介质为氢氧化物,浸金过程中的 pH 接近,碱性体系相对酸性硫脲体系温和,对设备腐蚀较少。

多硫化钠体系无需通入空气即可实现多硫化钠与金的高效配位。硫脲体系和 EP-1 体系需鼓入适量空气来实现金的高效浸出。工业生产过程中可在浸出槽内配备通气管,并依据浸出槽的大小,配备合适功率的鼓风机鼓入空气。在不考虑尾液回用过程残留浸金剂循环使用条件下,上述三个提金体系浸金过程中多硫化钠添加量相对较大,每一吨铁矾分解渣干料需添加 27 kg 多硫化钠。硫脲添加量相对适中,每一吨铁矾分解渣干料需添加 12 kg 硫脲。EP-1 添加量相对较低,每一吨铁矾分解渣干料需添加 3 kg EP-1 浸金试剂。药剂成本是黄金冶炼企业重要

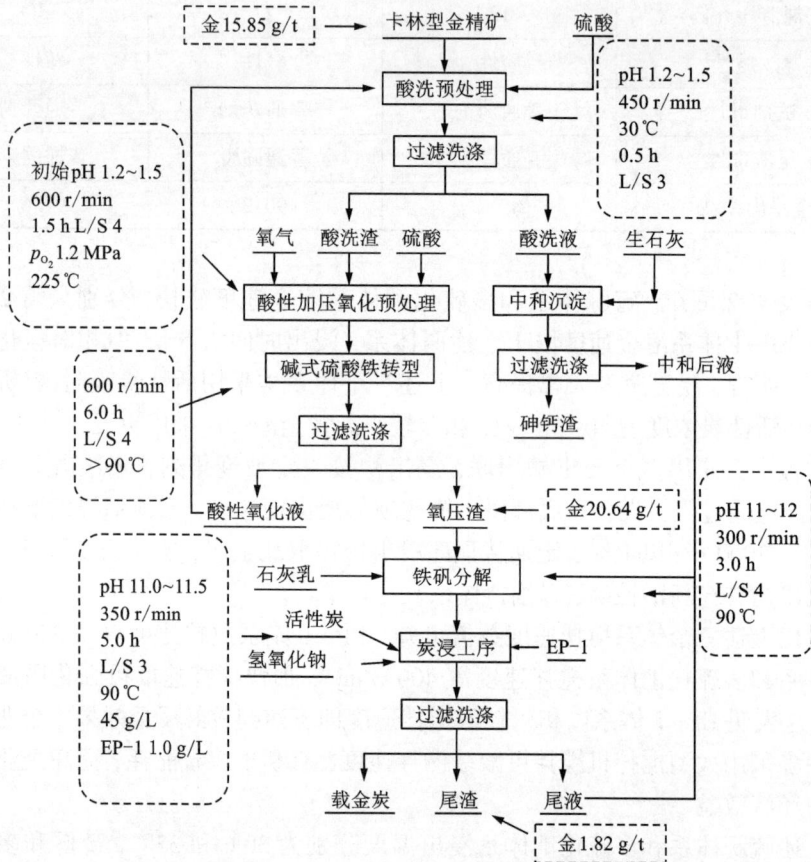

图 8-7 EP-1 体系提金工艺全流程及各阶段优化工艺参数

考察指标之一，EP-1 体系所用药剂量相比硫脲体系和多硫化钠体系优势明显。

硫脲、多硫化钠和 EP-1 均属于普通化学药剂，提金尾渣毒性浸出渗滤液中砷、镉、铬、铜、铅和锌离子浓度均低于浸出毒性标准值。硫脲体系金浸出率为 85.7%，多硫化钠体系和 EP-1 体系金浸出率分别为 90.2% 和 91.6%。EP-1 体系金浸出率分别比多硫化钠体系和硫脲体系高 1.5% 和 5.9%。

EP-1 体系提金工艺全流程及各阶段优化工艺参数如图 8-7 所示。综上所述，虽然 EP-1 体系浸金时间比硫脲和多硫化钠体系长，但其在体系热稳定性、药剂消耗、金浸出率、生产成本、工艺连续性等方面相比硫脲体系和多硫化钠体系优势明显，EP-1 体系为优化提金体系。

8.5　EP-1 体系尾液循环浸出研究

工业生产过程中，尾液回用可有效减少废水产生量，节约水资源，降低企业生产成本。EP-1 体系尾液是否可以回用，回用次数具体数值是多少，仍需进一步考察 EP-1 体系循环浸出过程中浸出液杂质离子含量及金浸出率变化数值。

以铁矾分解渣为原料，在温度 50℃、EP-1 添加量 1 g/L、液固比 L/S 为 3、活性炭浓度 45 g/L、搅拌速度 350 r/min、空气流量 2.5 L/min、反应时间 5 h 的条件下，开展了 EP-1 体系循环浸出实验，循环次数为 5 次。单次实验结束后，重新称取一定量铁矾分解渣，测量尾液不同离子浓度含量并补充适量 EP-1 试剂，用于下一次循环浸出实验中。

由图 8-8 可知，随着循环次数由 1 次增加至 5 次，循环浸出液中钾离子和钠离子由 1249.8 mg/L 和 294.5 mg/L 分别上升至 3908.6 mg/L 和 1040.2 mg/L。卡林型金精矿中云母类矿物及浮选过程中采用的浮选药剂包含钠离子和钾离子，在

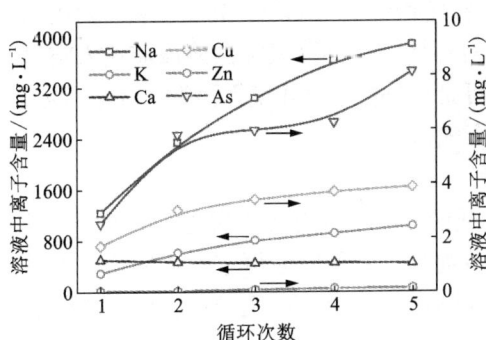

图 8-8　不同循环次数溶液中离子含量变化　　图 8-9　不同循环次数浸出渣金含量变化

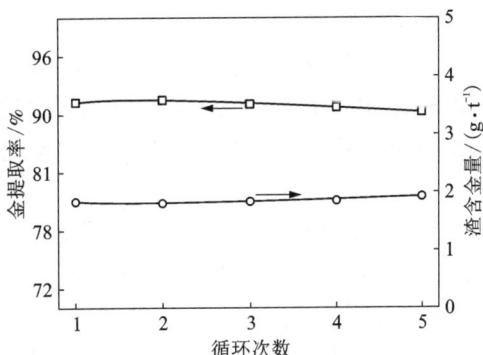

循环浸出过程中，铁矾分解渣中的钾离子和钠离子溶解进入尾液时出现了钾离子和钠离子富集现象。受限于碱性体系钙离子溶解度，浸出液中钙离子浓度维持在450~500 mg/L。循环浸出液中铜离子、锌离子和砷离子浓度分别由 1.7 mg/L、0.05 mg/L 和 2.54 mg/L 上升至 3.89 mg/L、0.15 mg/L 和 8.17 mg/L，变化幅度较小。

由图 8-9 可知，随着循环次数由 1 次增加至 5 次，铁矾分解渣中金浸出率及浸出渣中金含量维持在 91% 和 1.85 g/t 左右。实验结果表明，EP-1 体系浸出液即使多次循环使用，铁矾分解渣中金浸出率也较为稳定，因此浸出液可多次循环使用。

8.6　EP-1 体系工业三废排放

工业生产过程中，伴随工业废气、工业废水和工业废渣（简称工业三废）的产生，工业三废是黄金冶炼企业环保评估重要指标。工业废气成分复杂，部分工业废气含二氧化硫、苯环烃类有机物，对人体危害严重。工业废水和工业废渣常常夹杂砷、镉、铬和铜等重金属元素，若处理不当，易造成严重环境污染。EP-1 体系中工业三废潜在排放工序如图 8-10 所示。

（1）工业废气

卡林型金精矿中碳酸盐矿物含量较高，酸性加压氧化预处理过程中需对卡林型金精矿进行硫酸酸洗，以消除碳酸盐在酸性加压氧化预处理过程中对釜内气压造成的负面影响。硫酸酸洗过程中，碳酸盐可与酸发生化学反应，产生二氧化碳气体。二氧化碳为普通废气，无毒性，对人体基本无毒害，但它是全球产生"温室效应"重要因素，需配备尾气碱液吸收系统来消除二氧化碳对环境污染。

酸性加压氧化预处理过程中需通入大量氧气来实现硫化矿物充分氧化分解，氧分压为 1200 kPa。但实际生产过程中，氧气利用率为 60%~70%，未被利用的氧气目前以外排为主，此部分排出的废气对环境无污染。炭浸法阶段需通入空气来强化 EP-1 溶金过程，此部分通入空气可直接外排，对环境无污染。综上所述，EP-1 体系提金工艺全流程过程中基本无废气污染。

（2）工业废水

卡林型金精矿硫酸酸洗过程中产生的酸洗液含砷等有毒有害重金属离子，砷含量为 1 g/L 以上，经石灰中和沉砷过滤分离后，中和后液可进一步回用。酸性加压氧化预处理过程中产生的酸性氧化液酸度高，可返回硫酸酸洗过程中回用。炭浸工序浸出过程中产生的尾液杂质较酸性氧化液和酸洗液少，可循环用于EP-1 浸金工序中。综上所述，EP-1 体系提金工艺主要废水为含砷废水，需通过多段脱砷处理来达到废水排放标准。

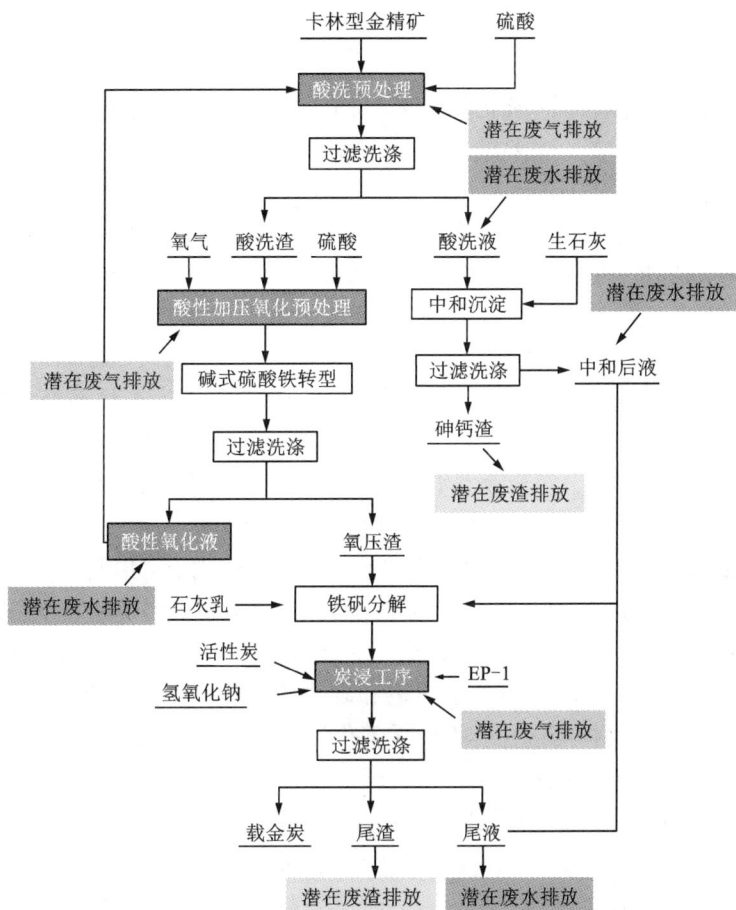

图 8-10　EP-1 体系提金工艺废水、废渣和废气排放来源

（3）工业废渣

酸性氧化液和硫酸溶液硫酸酸洗过程中产生的酸洗液含砷等重金属离子，酸洗液石灰中和沉淀过程中，砷以砷酸钙形式进入砷钙渣中，此部分为含砷危险废物。EP-1 体系提金尾渣经毒性浸出鉴定为普通固体废物，可无害化堆存或作井下填充。综上所述，EP-1 体系提金工艺主要废渣为提金尾渣和砷钙渣，其中提金尾渣可无害化堆存，砷钙渣仍需进一步进行无害化处理。

8.7　本章小结

本章基于硫脲体系、多硫化钠体系和 EP-1 体系提金工艺研究结果，开展了不同体系提金工艺分析，主要结果和结论如下：

（1）硫脲体系提金工艺流程相比多硫化钠体系和 EP-1 体系提金工艺流程需额外增加酸化工序。硫脲体系、多硫化钠体系和 EP-1 体系提金尾渣均通过我国《固体废物　浸出毒性浸出方法》（HJ/T 299—2007）浸出毒性检测，砷、镉、铬、铜、铅和氰根等组分浓度均低于我国《危险废物鉴别标准》（GB 5085.3—2007）浸出毒性标准值。

（2）硫脲体系金浸出率为 85.7%，多硫化钠体系和 EP-1 体系金浸出率分别为 90.2% 和 91.6%。EP-1 体系浸金时间比硫脲和多硫化钠体系长，但其在体系热稳定性、药剂消耗、金浸出率、生产成本、工艺连续性等方面相比硫脲体系和多硫化钠体系优势明显。EP-1 体系为优化提金体系。

（3）EP-1 体系浸出液循环使用 5 次后，溶液中钠离子富集明显，金浸出率及浸出渣中金含量维持在 91% 和 1.85 g/t 左右，金浸出率未出现明显下降现象，浸出液可多次循环使用。EP-1 体系提金工艺主要工业废气排放为二氧化碳，主要废水为含砷废水，主要废渣为提金尾渣和砷钙渣，其中提金尾渣可无害化堆存，砷钙渣作为危险废物仍需进一步进行无害化处理。

第 9 章　结论与展望

9.1　结论

本书针对典型卡林型微细粒浸染金精矿提取金困难、有机碳"劫金"现象严重等问题，提出了酸性加压氧化预处理-铁矾分解-环保体系炭浸法提金新工艺。基于卡林型金精矿工艺矿物学分析，开展了卡林型金精矿酸性加压氧化预处理及高效提金研究，可实现典型难处理卡林型金精矿中对金清洁提取。

主要结果和结论如下：

(1)厘清了酸性加压氧化预处理过程铁和硫行为及优势区域，明确了酸性加压氧化过程中物相转化机理。计算并绘制了黄铁矿、褐铁矿、砷黄铁矿、碳酸盐、方铅矿和闪锌矿化学反应 $\Delta G^{\ominus}$ 和平衡常数随温度变化图，理论上确定了其在酸性加压氧化预处理过程中均易发生化学反应。计算并绘制了 $Fe-S-H_2O$ 体系在 498 K 条件下不同 $C_{(S)}/C_{(Fe+S)}$ 区间 $Eh-pH$ 图。当体系硫铁摩尔比在 $0.6 < C_{(S)}/C_{(Fe+S)} < 1$ 时，提高酸度和电位，铁和硫最终以 Fe^{3+} 和 HSO_4^- 形式存在。当卡林型金精矿酸性加压氧化过程中液固比 L/S 为 3~6 时，$Fe_2(SO_4)_3-H_2SO_4-H_2O$ 体系物相优势区域分析结果表明，随着体系温度升高，硫酸铁可与碱性阳离子结合生成铁矾，还可水解生成碱式硫酸铁。

(2)明确了酸性加压氧化预处理优化工艺条件，明晰了元素硫价态调控机制，厘清了金赋存物相演变规律及分配行为。硫酸酸洗过程可高效分解碳酸盐，消除碳酸盐对加压氧化过程负面影响。确定了加压氧化预处理优化条件：搅拌速度 600 r/min、恒温时间 1.5 h、降温转型时间 6 h、温度 225℃、氧分压 1200 kPa 和液固比 L/S 为 4。采用多硫化钠体系，氧压渣中金浸出率达 80.7%。降温转型时间由 3 h 延长至 6 h，氧压渣中主要物相为硫酸钙、二氧化硅和铁矾，碱式硫酸铁物相消失，表明延长降温转型时间可实现碱式硫酸铁充分溶解。酸性加压氧化预处理可有效打开硫化物包裹金，对硅酸盐包裹金影响较小。氧压渣中硫酸钙和铁矾表面致密，可对金形成二次包裹。卡林型金精矿经酸洗脱碳和酸性加压氧化预处理工序，可实现无机碳的深度脱除，但对有机碳脱除效果不理想。热力学分析表明，含硫矿物在预处理过程中可氧化生成中间产物元素硫。氧压渣中元素硫含量随着温度升高而逐渐减少，当温度为 225℃ 时，氧压渣表面检测不到元素硫，与高温 Fe-S-H_2O 体系 Eh-pH 热力学分析结果一致。

(3)明确了碱性体系铁矾分解优化工艺条件和活性炭优化选型。在适宜 pH 条件下，铁矾可与氢氧化钙反应生成硫酸钙、硫酸钠、硫酸钾和氢氧化铁等物质。在 pH 11.0~12.0、液固比 L/S 为 4、搅拌速度 300 r/min、时间 3 h 和温度 90℃ 的优化条件下，可实现氧压渣中铁矾高效分解。在 EP-1 浓度 3 g/L、温度 30℃、时间 4 h、液固比 L/S 为 4、活性炭浓度 40 g/L、搅拌速度 400 r/min 和空气流量 2.5 L/min 的浸金条件下，铁矾分解渣中金浸出率可达 89.6%，表明碱性体系铁矾分解工序可有效提高金浸出率。铁矾分解渣主要物相为氢氧化锰钙、硫酸钙和二氧化硅。碱性体系铁矾分解工序可有效打开铁矾对金的包裹，对硅酸盐包裹金影响较小。铁矾分解过程中生成的硫酸钙对金形成二次包裹，致使硫酸钙包裹金含量略微上升。选取椰壳活性炭(直径 2~4 mm)作为炭浸法最优活性炭选型，椰壳活性炭孔隙结构发达，比表面积大，吸附能力强，可实现浸出液中金离子的高效吸附。

(4)开展了铁矾分解渣酸性硫脲体系、碱性多硫化钠体系和碱性 EP-1 体系提金研究，明确了多尺度因素提金影响机制及过程限制步骤。在时间 2 h、活性炭浓度 50 g/L、搅拌速度 400 r/min、温度 30℃、pH 1.3~1.5、空气流量 1.5 L/min、液固比 L/S 为 3 和硫脲浓度 4 g/L 的条件下，硫脲体系金浸出率为 85.7%。在酸性硫脲体系浸出过程中，钙离子与硫酸根离子结合生成微溶于酸的硫酸钙沉淀，不利于金的浸出。铁矾分解渣酸化过程中，铁矾分解渣中的三价铁溶解进入溶液，加速了硫脲氧化分解，增加了硫脲试剂消耗。在 pH 11.0~11.5、反应温度 35℃、液固比 L/S 为 3、活性炭浓度 40 g/L、搅拌速度 410 r/min、多硫化钠浓度 9 g/L 和时间 1.5 h 优化条件下，铁矾分解渣中金浸出率为 90.2%。动力学研究表明，多硫化钠体系的金浸出过程主要受内扩散步骤控制，浸出渣表面存在元素硫和硫化物固体膜。浸出渣中主要包裹金物相为硅酸盐，硫酸钙包裹金含量降低。多硫化钠体系提金过程中，部分硫酸钙溶解，利于金的浸出。在反应温度 50℃、EP-1 浓度 1 g/L、液固比 L/S 为 3、活性炭浓度 45 g/L、空气流量 2.5 L/min、搅拌速度 350 r/min 和反应时间 5 h 的优化条件下，铁矾分解渣中金浸出率为 91.6%。浸出渣中主要包裹金物相为硅酸盐，浸出渣中砷主要以砷酸铁和砷酸钙等砷酸盐形式存在，极少量的砷以砷氧化物和其他形式存在。动力学拟合结果表明，铁矾分解渣 EP-1 浸出主要受内扩散步骤控制。

(6)开展了铁矾分解渣超声强化和超能活化深度提金研究，明确了超声强化频率和超能活化预处理时间对 EP-1 体系提金影响。在温度 50℃、EP-1 添加量 1 g/L、液固比 L/S 为 4、活性炭浓度 45 g/L、搅拌速度 350 r/min、空气流量 2.5 L/min、反应时间 5 h 的条件下，当超声频率由 10 kHz 提高至 90 kHz 时，铁矾分解渣中金浸出率由 91.6% 提高至 93.1%。铁矾分解渣内部本身存在空隙和裂缝,超声波具有剥离效果,在超声波的作用下,浸出过程中浸出渣内部的孔隙和裂隙得到了进一步的扩展,有利于金的浸出。当超能活化装备频率为 60 kHz,预处理时间 4 min 时,在温度 50℃、EP-1 添加量 1 g/L、液固比 L/S 为 4、空气流量 2.5 L/min、活性炭浓度 45 g/L、搅拌速度 350 r/min 和反应时间 5 h 的条件下,铁矾分解渣中金浸出率为 96.8%,浸出渣残留金含量降低至 0.76 g/t。超能活化预处理可有效释放硅酸盐和硫酸钙包裹金。超能活化过程中颗粒接触表面出现无序化,晶格出现畸变,形成位错形式的晶格缺陷,导致了矿物结晶度下降,有利于包裹金的深度解离。超能活化预处理可降低颗粒粒度,增大颗粒比表面积,强化金浸出动力学过程,利于金的深度提取。

(7)对不同体系提金工艺进行了分析,明确了优化提金体系。硫脲体系提金工艺流程相比多硫化钠体系和 EP-1 体系提金工艺流程需额外增加酸化工序。硫脲体系、多硫化钠体系和 EP-1 体系提金尾渣均通过我国《固体废物　浸出毒性浸出方法》(HJ/T 299—2007)浸出毒性检测,砷、镉、铬、铜、铅和氰根等组分浓度均低于我国《危险废物鉴别标准》(GB 5085.3—2007)浸出毒性标准值。EP-1 体系浸金时间比硫脲和多硫化钠体系长,但其在体系热稳定性、药剂消耗、金浸出率、生产成本、工艺连续性等方面相比硫脲体系和多硫化钠体系优势明显。EP-1 体系为优化提金体系。EP-1 体系浸出液循环使用 5 次后,金浸出率及浸出渣中金含量维持在 91% 和 1.85 g/t 左右,金浸出率未出现明显下降现象,浸出液可多次循环使用。

9.2　展望

本书针对贵州卡林型金精矿提取金困难和有机碳"劫金"现象严重等问题,提出了酸性加压氧化预处理-铁矾分解-环保体系炭浸法提金工艺,为卡林型金精矿中金高效提取提供了新的思路和路径。由于实验条件及时间的限制,部分研究工作有待进一步开展和完善。

(1)开展加压氧化过程中砷转化为砷酸铁和铁的水解沉淀优化条件研究,提高砷酸铁的转化率同时降低铁矾生成量。

(2)开展载金炭的解析-电积研究工作,实现载金炭中金的高效回收。

参考文献

[1] 国土资源部.中国矿产评估报告[M].北京：地质出版社，2014.

[2] 中国黄金协会.中国黄金年鉴 2021[M].北京：中国黄金协会，2021.

[3] 郭学益，张磊，田庆华，等.氧压渣非氰体系浸金及其机理[J].中国有色金属学报，2020，30(5)：1131-1141.

[4] 李骞，董中林，张雁，等.含硫砷含碳金精矿提金工艺研究[J].黄金，2016，37(11)：41-45.

[5] Guo X Y, Zhang L, Tian Q H, et al. Stepwise extraction of gold and silver from refractory gold concentrate calcine by thiourea[J]. Hydrometallurgy, 2020, 194: 105330.

[6] 雷占昌，虞洁，马红蕊.难处理金矿预处理技术现状及进展[J].现代矿业，2014，541：23-24.

[7] 王云.难处理金精矿焙烧技术的发展及展望[J].有色金属(冶炼部分)，2002，4：29-33.

[8] 张磊，郭学益，田庆华，等.难处理金矿预处理方法研究进展及工业应用[J].黄金，2021，6(42)：60-68.

[9] 肖松文，刘建军，梁经冬.难浸金矿焙烧处理的新进展(Ⅱ)[J].有色金属(冶炼部分)，1995，16(4)：31-34.

[10] 李智伟.难浸金矿处理工艺新进展[J].有色金属设计，1998，25(3)：10-15.

[11] 王家好，刘忠良.金精矿焙烧提金工艺实践[J].黄金，1990，21(12)：53-55.

[12] 张永峰，武鑫，等.两段焙烧工艺在黄金生产中的应用[J].贵金属，2010，10(5)：37-40.

[13] 宋裕华，韩培伟，王建光，等.复杂金精矿焙烧预氧化-氰化提金工艺研究[J].计算机与应用化学，2018，35(1)：62-71.

[14] 董晓伟，陈永明，杨声海，等.含碳金矿氧化焙烧-氰化法提金工艺研究[J].有色金属(冶炼部分)，2016，10：44-47.

[15] 尹福兴，段胜红，庄世明.某含金硫精矿焙烧-酸浸渣非氰提金试验研究[J].云南冶金，2019，48(3)：55-59.

[16] Liu X, Li Q, Zhang Y, et al. Improving gold recovery from a refractory ore via Na_2SO_4 assisted roasting and alkaline Na_2S leaching[J]. Hydrometallurgy, 2019, 185: 133-141.

[17] Wu J J, Ahn J M, Lee J H. Characterization of gold deportment and thiosulfate extraction for a copper-gold concentrate treated by pressure oxidation[J]. Hydrometallurgy, 2022, 207: 105771.

[18] 许晓阳.难处理金矿石加压氧化-氰化提金技术研究[J].黄金，2020，41(04)：50-53.

[19] Wu J J, Ahn J M, Lee J H. Gold deportment and leaching study from a pressure oxidation

residue of chalcopyrite concentrate[J]. Hydrometallurgy, 2021, 201: 105583.

[20] Kyong-Song Paka, Ting-An Zhang, Chang-Sok Kim, et al. Research on chlorination leaching of pressure-oxidized refractory gold concentrate[J]. Hydrometallurgy, 2020, 194: 105325.

[21] Matti L P, Arto L, Ilkka T. Ammoniacal thiosulfate leaching of pressure oxidized sulfide gold concentrate with low reagent consumption[J]. Hydrometallurgy, 2015, 151: 1-9.

[22] Gudyanga F P, Mahlangu T, Roman R J, et al. Mbeve. An acidic pressure oxidation pre-treatment of refractory gold concentrates from the kwekwe roasting plant, zimbabwe[J]. Minerals Engineering, 1999, 12(8): 863-875.

[23] Pangum L S, Brownert R E. Pressure chloride leaching of a refractory gold ore[J]. Minerals Engineering, 1996, 9(5): 547-556.

[24] 夏光祥, 涂桃枝. 加压氧化法预处理含砷难冶金矿的研究[J]. 黄金, 1995, 16(3): 23-26.

[25] 李丽洁. 难处理金矿细菌预氧化浸出工艺研究现状及进展[J]. 矿产保护与利用, 1999, 3: 41-44.

[26] Lorenzo-Tallafigo J, Iglesias-Gonzalez N, Mazuelos A, et al. An alternative approach to recover lead, silver and gold from black gossan(polymetallic ore). Study of biological oxidation and lead recovery stages[J]. Journal of Cleaner Production, 2019, 207: 510-521.

[27] Gahan C S, Sundkvist J, Sandstrom Å. Use of mesalime and electric arc furnace(EAF) dust as neutralising agents in biooxidation and their effects on gold recovery in subsequent cyanidation [J]. Minerals Engineering, 2010, 23(9): 731-738.

[28] Wang G, Xie S, Liu X, et al. Bio-oxidation of a high-sulfur and high-arsenic refractory gold concentrate using a two-stage process[J]. Minerals Engineering, 2018, 120: 94-101.

[29] Fomchenko N V, Muravyov M I, Kondrateva T F. Two-stage bacterial-chemical oxidation of refractory gold-bearing sulfidic concentrates[J]. Hydrometallurgy, 2010, 101(1-2): 28-34.

[30] Hol A, Van der Weijden R D, Van Weert G, et al. Bio-reduction of elemental sulfur to increase the gold recovery from enargite[J]. Hydrometallurgy, 2012, 115-116: 93-97.

[31] Ahn J, Wu J, Ahn J, et al. Comparative investigations on sulfidic gold ore processing: A novel biooxidation process option[J]. Minerals Engineering, 2019, 140: 105864.

[32] Muravyov M I, Fomchenko N V. Biohydrometallurgical treatment of old flotation tailings of sulfide ores containing non-nonferrous metals and gold[J]. Minerals Engineering, 2018, 122: 267-276.

[33] Ciftci H, Akcil A. Biohydrometallurgy in Turkish gold mining: First shake flask and bioreactor studies[J]. Minerals Engineering, 2013, 46-47: 25-33.

[34] Ofori-Sarpong G, Osseo-Asare K, Tien M. Mycohydrometallurgy: Biotransformation of double refractory gold ores by the fungus, Phanerochaete chrysosporium[J]. Hydrometallurgy, 2013, 137: 38-44.

[35] Marquez M, Gaspar J, Bessler K E, et al. Process mineralogy of bacterial oxidized gold ore in São Bento Mine(Brasil)[J]. Hydrometallurgy, 2006, 83(1-4): 114-123.

［36］Ciftci H，Akcil A. Effect of biooxidation conditions on cyanide consumption and gold recovery from a refractory gold concentrate［J］. Hydrometallurgy，2010，104(2)：142-149.

［37］Kaksonen A H，Perrot F，Morris C，et al. Evaluation of submerged bio-oxidation concept for refractory gold ores［J］. Hydrometallurgy，2014，141：117-125.

［38］Guo Y，Guo X，Wu H，et al. A novel bio-oxidation and two-step thiourea leaching method applied to a refractory gold concentrate［J］. Hydrometallurgy，2017，171：213-221.

［39］朱长亮，杨洪英，汤兴光，等.含砷难处理金矿的细菌氧化预处理研究现状［J］.贵金属，2010，31(1)：48-52.

［40］关自斌，乔繁盛，黄宗良，等.难浸金矿细菌氧化工艺的综述［J］.湿法冶金，1994(4)：1-15.

［41］黄海辉.难处理金矿细菌氧化的工业应用及发展方向［J］.矿冶，2008，17(2)：63-67，83.

［42］吴冰.复杂难处理金矿石预处理工艺研究现状及进展［J］.黄金，2020，41(5)：65-72.

［43］韩文杰，吕明，周同，等.微生物技术在金矿提金中的应用与展望［J］.生物技术通讯，2016，27(5)：738-742.

［44］Snyders C A，Akdogan G，Bradshaw S M，et al. The development of a caustic pre-leaching step for the recovery of Au from a refractory ore tailings heap［J］. Minerals Engineering，2018，121：23-30.

［45］İbrahim Alp O C A H. Alkaline Sulfi de Pretreatment of an Antimonial Refractory Au-Ag Ore for Improved Cyanidation［J］.JOM，2010，62(11).

［46］Ubaldini S，Veglio F，Fornari P，et al. Process flow-sheet for gold and antimony recovery from stibnite［J］. Hydrometallurgy，2000，57(3)：187-199.

［47］Celep O，Alp 0，Deveci H. Improved gold and silver extraction from a refractory antimony ore by pretreatment with alkaline sulphide leach［J］. Hydrometallurgy，2011，105(3-4)：234-239.

［48］Mesa Espitia S L，Lapidus G T. Pretreatment of a refractory arsenopyritic gold ore using hydroxyl ion［J］. Hydrometallurgy，2015，153：106-113.

［49］Alp O，Celep O，Paktunc D，et al. Influence of potassium hydroxide pretreatment on the extraction of gold and silver from a refractory ore［J］. Hydrometallurgy，2014，146：64-71.

［50］Bidari E，Aghazadeh V. Pyrite from Zarshuran Carlin-type gold deposit：Characterization，alkaline oxidation pretreatment，and cyanidation［J］. Hydrometallurgy，2018，179：222-231.

［51］Bidari E，Aghazadeh V. Alkaline leaching pretreatment and cyanidation of arsenical gold ore from the Carlin-type Zarshuran deposit［J］. Canadian Metallurgical Quarterly，2018：1-11.

［52］Tiburcio Munive G，Encinas Romero M A，Valenzuela Soto A，et al. Pre-treatment for the extraction of manganese from mangano-argentiferous refractory tailings［J］. Canadian Metallurgical Quarterly，2018：1-7.

［53］Yin W，Tang Y，Ma Y，et al. Comparison of sample properties and leaching characteristics of gold ore from jaw crusher and HPGR［J］. Minerals Engineering，2017，111：140-147.

［54］Hasab M G，Raygan S，Rashchi F. Chloride-hypochlorite leaching of gold from a mechanically activated refractory sulfide concentrate[J]. Hydrometallurgy, 2013, 138: 59–64.

[55] Gordon J J K, Asiam E K. Influence of mechano–chemical activation on biooxidation of auriferous sulphides[J]. Hydrometallurgy, 2012, 115–116: 77–83.

[56] Amankwah R K, Ofori–Sarpong G. Microwave heating of gold ores for enhanced grindability and cyanide amenability[J]. Minerals Engineering, 2011, 24(6): 541–544.

[57] Wang J, Wang W, Dong K, et al. Research on leaching of carbonaceous gold ore with copper–ammonia–thiosulfate solutions[J]. Minerals Engineering, 2019, 137: 232–240.

[58] Zhang X, Sun C, Xing Y, et al. Thermal decomposition behavior of pyrite in a microwave field and feasibility of gold leaching with generated elemental sulfur from the decomposition of gold–bearing sulfides[J]. Hydrometallurgy, 2018, 180: 210–220.

[59] Rees K L, Van Deventer J S J. The mechanism of enhanced gold extraction from ores in the presence of activated carbon[J]. Hydrometallurgy, 2000, 58(2): 151–167.

[60] Tan H, Feng D, Lukey G C, et al. The behaviour of carbonaceous matter in cyanide leaching of gold[J]. Hydrometallurgy, 2005, 78(3–4): 226–235.

[61] Wang L, Wang H, Ma B, et al. Research on gold extraction from uytenbogaardtite via in situ microzone analysis[J]. Hydrometallurgy, 2019, 186: 170–175.

[62] Salarirad M M, Behnamfard A. The effect of flotation reagents on cyanidation, loading capacity and sorption kinetics of gold onto activated carbon[J]. Hydrometallurgy, 2010, 105(1–2): 47–53.

[63] Bisceglie F, Civati D, Bonati B, et al. Reduction of potassium cyanide usage in a consolidated industrial process for gold recovery from wastes and scraps[J]. Journal of Cleaner Production, 2017, 142: 1810–1818.

[64] Chandraa M Z M. On the use of lignin–based biopolymer in improving gold and silver recoveries during cyanidation leaching[J]. Minerals Engineering, 2016, 89: 1–9.

[65] Andrade Lima L R P, Hodouin D. A lumped kinetic model for gold ore cyanidation[J]. Hydrometallurgy, 2005, 79(3–4): 121–137.

[66] Rabieh A, Eksteen J J, Albijanic B. Galvanic interaction of grinding media with arsenopyrite and pyrite and its effect on gold cyanide leaching[J]. Minerals Engineering, 2018, 116: 46–55.

[67] Azizi A, Petre C F, Olsen C, et al. Electrochemical behavior of gold cyanidation in the presence of a sulfide–rich industrial ore versus its major constitutive sulfide minerals [J]. Hydrometallurgy, 2010, 101(3–4): 108–119.

[68] Bas A D, Zhang W, Ghall E, et al. A study of the electrochemical dissolution and passivation phenomenon of roasted gold ore in cyanide solutions[J]. Hydrometallurgy, 2015, 158: 1–9.

[69] Azizi A, Petre C F, Larachi F. Leveraging strategies to increase gold cyanidation in the presence of sulfide minerals–Packed–bed electrochemical reactor approach[J]. Hydrometallurgy, 2012, 111–112: 73–81.

[70] Bas A D, Larachi F. The effect of flotation collectors on the electrochemical dissolution of gold during cyanidation[J]. Minerals Engineering, 2019, 130: 48–56.

［71］ Bas A D, Gavril L, Zhang W, et al. Electrochemical dissolution of roasted gold ore in cyanide solutions［J］. Hydrometallurgy, 2015, 156: 188-198.

［72］ Zia Y, Mohammadnejad S, Abdollahy M. Gold passivation by sulfur species: A molecular picture［J］. Minerals Engineering, 2019, 134: 215-221.

［73］ Murthy D S R, Kumar V, Rao K V. Extraction of gold from an Indian low-grade refractory gold ore through physical beneficiation and thiourea leaching［J］. Hydrometallurgy, 2003, 68(1): 125-130.

［74］ Örgul S, Atalay Ü. Reaction chemistry of gold leaching in thiourea solution for a Turkish gold ore ［J］. Hydrometallurgy, 2002, 67(1): 71-77.

［75］ Ubaldini S, Fornari P, Massidda R, et al. An innovative thiourea gold leaching process［J］. Hydrometallurgy, 1998, 48(1): 113-124.

［76］ Rizki I N, Tanaka Y, Okibe N. Thiourea bioleaching for gold recycling from e-waste［J］. Waste Management, 2019, 84: 158-165.

［77］ Lee H, Molstad E, Mishra B. Recovery of Gold and Silver from Secondary Sources of Electronic Waste Processing by Thiourea Leaching［J］. JOM, 2018, 70(8): 1616-1621.

［78］ Wang Z, Li Y, Ye C. The effect of tri-sodium citrate on the cementation of gold from ferric/ thiourea solutions［J］. Hydrometallurgy, 2011, 110(1-4): 128-132.

［79］ Ranjbar R, Naderi M, Omidvar H, et al. Gold recovery from copper anode slime by means of magnetite nanoparticles(MNPs)［J］. Hydrometallurgy, 2014, 143: 54-59.

［80］ Yang X, Moats M S, Miller J D. The interaction of thiourea and formamidine disulfide in the dissolution of gold in sulfuric acid solutions ［J］. Minerals Engineering, 2010, 23(9): 698-704.

［81］ Yang X, Moats M S, Miller J D, et al. Thiourea-thiocyanate leaching system for gold［J］. Hydrometallurgy, 2011, 106(1-2): 58-63.

［82］ Li J, Safarzadeh M S, Moats M S, et al. Thiocyanate hydrometallurgy for the recovery of gold. Part I: Chemical and thermodynamic considerations［J］. Hydrometallurgy, 2012, 113-114: 1-9.

［83］ Li J, Safarzadeh M S, Moats M S, et al. Thiocyanate hydrometallurgy for the recovery of gold ［J］. Hydrometallurgy, 2012, 113-114: 10-18.

［84］ Li J, Safarzadeh M S, Moats M S, et al. Thiocyanate hydrometallurgy for the recovery of gold Part Ⅲ: Thiocyanate stability［J］. Hydrometallurgy, 2012, 113-114: 19-24.

［85］ Wu H, Feng Y, Huang W, et al. The role of glycine in the ammonium thiocyanate leaching of gold［J］. Hydrometallurgy, 2019, 185: 111-116.

［86］ Zhang J, Shen S, Cheng Y, et al. Dual lixiviant leaching process for extraction and recovery of gold from ores at room temperature［J］. Hydrometallurgy, 2014, 144-145: 114-123.

［87］ Xu B, Yang Y, Li Q, et al. The development of an environmentally friendly leaching process of a high C, As and Sb bearing sulfide gold concentrate［J］. Minerals Engineering, 2016, 89: 138-147.

［88］ Lampinen M, Laari A, Turunen I. Ammoniacal thiosulfate leaching of pressure oxidized sulfide gold concentrate with low reagent consumption[J]. Hydrometallurgy, 2015, 151: 1-9.

［89］ Dong Z, Jiang T, Xu B, et al. An eco-friendly and efficient process of low potential thiosulfate leaching-resin adsorption recovery for extracting gold from a roasted gold concentrate [J]. Journal of Cleaner Production, 2019, 229: 387-398.

［90］ Olvera O G, Domanski D F R. Effect of activated carbon on the thiosulfate leaching of gold [J]. Hydrometallurgy, 2019, 188: 47-53.

［91］ Navarro P, Vargas C, Villarroel A, et al. On the use of ammoniacal/ammonium thiosulphate for gold extraction from a concentrate[J]. Hydrometallurgy, 2002, 65(1): 37-42.

［92］ Wang Q, Hu X, Zi F, et al. Environmentally friendly extraction of gold from refractory concentrate using a copper-ethylenediamine-thiosulfate solution [J]. Journal of Cleaner Production, 2019, 214: 860-872.

［93］ Munive G T, Encinas M A, Salazar Campoy M M, et al. Leaching Gold and Silver with an Alternative System: Glycine and Thiosulfate from Mineral Tailings[J]. JOM, 2020, 72(2): 918-924.

［94］ Liu X, Jiang T, Xu B, et al. Thiosulphate leaching of gold in the $Cu-NH_3-S_2O_3^{2-}-H_2O$ system: An updated thermodynamic analysis using predominance area and species distribution diagrams [J]. Minerals Engineering, 2020, 151: 106336.

［95］ Melashvili M, Dreisinger D, Choi Y. Cyclic voltammetry responses of gold electrodes in thiosulphate electrolyte[J]. Minerals Engineering, 2016, 92: 134-140.

［96］ Zelinsky A G, Novgorodtseva O N. EQCM study of the dissolution of gold in thiosulfate solutions [J]. Hydrometallurgy, 2013, 138: 79-83.

［97］ Feng D, Van Deventer J S J. Thiosulphate leaching of gold in the presence of carboxymethyl cellulose (CMC)[J]. Minerals Engineering, 2011, 24(2): 115-121.

［98］ Feng D, Van Deventer J S J. Thiosulphate leaching of gold in the presence of ethylenediaminetetraacetic acid(EDTA)[J]. Minerals Engineering, 2010, 23(2): 143-150.

［99］ Liu X, Xu B, Yang Y, et al. Effect of galena on thiosulfate leaching of gold [J]. Hydrometallurgy, 2017, 171: 157-164.

［100］ Feng D, Van Deventer J S J. Thiosulphate leaching of gold in the presence of orthophosphate and polyphosphate[J]. Hydrometallurgy, 2011, 106(1-2): 38-45.

［101］ 杨天足, 陈希鸿, 宾万达, 等. 多硫化钠浸金研究[J]. 中南矿冶学院学报, 1992, 23(6): 687-691.

［102］ 海光宝. 镇沅金矿固硫焙烧焙砂多硫化钠浸出工艺研究[J]. 云南冶金, 2000, 29(2): 37-39.

［103］ 朱国才, 方兆珩, 陈家墉. 多硫化钠浸取含金硫化矿的研究[J]. 贵金属, 1994, 15(2): 26-31.

［104］ 龙炳清, 陈希鸿, 宾万达, 等. 多硫化钠浸金研究[J]. 黄金, 1987, 2: 33-37.

［105］ Wen Q J, Wu Y F, Wang X, et al. Researches on preparation and properties of sodium polysulphide as gold leaching agent[J]. Hydrometallurgy, 2017, 171: 77-85.

[106] Tuncuk A. Lab scale optimization and two-step sequential bench scale reactor leaching tests for the chemical dissolution of Cu, Au & Ag from waste electrical and electronic equipment (WEEE)[J]. Waste Management, 2019, 95: 636-643.

[107] Baghalha M. The leaching kinetics of an oxide gold ore with iodide/iodine solutions[J]. Hydrometallurgy, 2012, 113-114: 42-50.

[108] Martens E, Prommer H, Dai X, et al. Electrokinetic in situ leaching of gold from intact ore [J]. Hydrometallurgy, 2018, 178: 124-136.

[109] Martens E, Prommer H, Dai X, et al. Feasibility of electrokinetic in situ leaching of gold [J]. Hydrometallurgy, 2018, 175: 70-78.

[110] Martens E, Zhang H, Prommer H, et al. In situ recovery of gold: Column leaching experiments and reactive transport modeling[J]. Hydrometallurgy, 2012, 125-126: 16-23.

[111] Hasab M G, Rashchi F, Raygan S. Simultaneous sulfide oxidation and gold leaching of a refractory gold concentrate by chloride-hypochlorite solution[J]. Minerals Engineering, 2013, 50-51: 140-142.

[112] Hasab M G, Ratgan S, Rashchi F. Chloride-hypochlorite leaching of gold from a mechanically activated refractory sulfide concentrate[J]. Hydrometallurgy, 2013, 138: 59-64.

[113] Lu Y, Song Q, Xu Z. Integrated technology for recovering Au from waste memory module by chlorination process: Selective leaching, extraction, and distillation[J]. Journal of Cleaner Production, 2017, 161: 30-39.

[114] Seisko S, Aromaa J, Lundstrom M. Features affecting the cupric chloride leaching of gold [J]. Minerals Engineering, 2019, 137: 94-101.

[115] Filcenco Olteanu A, Dobre T, Panturu E, et al. Experimental process analysis and mathematical modeling for selective gold leaching from residue through wet chlorination [J]. Hydrometallurgy, 2014, 144-145: 170-185.

[116] Ahtiainen R, Lundstrom M. Cyanide-free gold leaching in exceptionally mild chloride solutions [J]. Journal of Cleaner Production, 2019, 234: 9-17.

[117] Donmez B, Ekinci Z, Çelik C, et al. Optimisation of the chlorination of gold in decopperized anode slime in aqueous medium[J]. Hydrometallurgy, 1999, 52(1): 81-90.

[118] Hasab M G, Rashchi F, Raygan S. Chloride - hypochlorite leaching and hydrochloric acid washing in multi - stages for extraction of gold from a refractory concentrate [J]. Hydrometallurgy, 2014, 142: 56-59.

[119] Yoshimura A, Takai M, Matsuno Y. Novel process for recycling gold from secondary sources: Leaching of gold by dimethyl sulfoxide solutions containing copper bromide and precipitation with water[J]. Hydrometallurgy, 2014, 149: 177-182.

[120] Sousa R, Futuro A, Fiuza A, et al. Bromine leaching as an alternative method for gold dissolution[J]. Minerals Engineering, 2018, 118: 16-23.

[121] Wang Q, Hu X, Zi F, et al. Extraction of gold from refractory gold ore using bromate and

ferric chloride solution[J]. Minerals Engineering, 2019, 136: 89-98.

[122] Eksteen J J, Oraby E A. The leaching and adsorption of gold using low concentration amino acids and hydrogen peroxide: Effect of catalytic ions, sulphide minerals and amino acid type [J]. Minerals Engineering, 2015, 70: 36-42.

[123] Oraby E A, Eksteen J J. The selective leaching of copper from a gold-copper concentrate in glycine solutions[J]. Hydrometallurgy, 2014, 150: 14-19.

[124] Oraby E A, Eksteen J J. Gold leaching in cyanide-starved copper solutions in the presence of glycine[J]. Hydrometallurgy, 2015, 156: 81-88.

[125] Oraby E A, Eksteen J J. The leaching of gold, silver and their alloys in alkaline glycine-peroxide solutions and their adsorption on carbon [J]. Hydrometallurgy, 2015, 152: 199-203.

[126] Oraby E A, Eksteen J J, Karrech A, et al. Gold extraction from paleochannel ores using an aerated alkaline glycine lixiviant for consideration in heap and in-situ leaching applications [J]. Minerals Engineering, 2019, 138: 112-118.

[127] Azadi M R, Karrech A, Elchalakani M, et al. Microfluidic study of sustainable gold leaching using glycine solution[J]. Hydrometallurgy, 2019, 185: 186-193.

[128] Oraby E A, Eksteen J J, Tanda B C. Gold and copper leaching from gold-copper ores and concentrates using a synergistic lixiviant mixture of glycine and cyanide [J]. Hydrometallurgy, 2017, 169: 339-345.

[129] 马方通, 高利坤, 董方, 等. 硫脲浸金及置换法从硫脲溶液中回收金研究现状[J]. 湿法冶金, 2017, 36(4): 257-261, 270.

[130] 徐克功. 电极电位与氧化还原反应[J]. 抚州师专学报, 1983, 2: 112-118.

[131] Karavasteva M. Kinetics and deposit morphology of gold cemented on magnesium, aluminum, zinc, iron and copper from ammonium thiosulfate-ammonia solutions[J]. Hydrometallurgy, 2010, 104(1): 119-122.

[132] Lee H Y, Kim S G, Oh J K. Cementation Behavior of Gold and Silver onto Zn, Al and Fe Powders from Acid Thiourea Solutions[J]. Canadian Metallurgical Quarterly, 1997, 36(3): 149-155.

[133] Demirkıran N, Ekmekyapar A, Asım Künkül, et al. A kinetic study of copper cementation with zinc in aqueous solutions[J]. International Journal of Mineral Processing, 2007, 82(2): 80-85.

[134] 陈淑萍. 从氰化贵液(矿浆)中回收金技术进展[J]. 黄金, 2012, 33(2): 43-48.

[135] Oo M T, Tran T. The effect of lead on the cementation of gold by zinc[J]. Hydrometallurgy, 1991, 26(1): 61-74.

[136] Hsu Y J, Tran T. Selective removal of gold from copper-gold cyanide liquors by cementation using zinc[J]. Minerals Engineering, 1996, 9(1): 1-13.

[137] Miller J D, Wan R Y, Parga J R. Characterization and electrochemical analysis of gold cementation from alkaline cyanide solution by suspended zinc particles[J]. Hydrometallurgy,

1990, 24(3): 373-392.

[138] Navarro P, Vargas C, Villarroel A, et al. On the use of ammoniacal/ammonium thiosulphate for gold extraction from a concentrate[J]. Hydrometallurgy, 2002, 65(1): 37-42.

[139] 李传伟, 王德煜, 赵海利, 等. 黄金置换中锌粉精密添加系统设计[J]. 冶金自动化, 2014, 38(5): 63-67.

[140] 卢辉畴. 锌粉置换法从含高铜、铅、锌贵液中回收金的研究及生产实践[J]. 黄金, 2004(4): 36-38.

[141] 王杰, 张覃, 李先海, 等. 锌粉置换硫代硫酸盐浸金液中金试验研究[J]. 矿冶工程, 2016, 36(03): 91-93, 101.

[142] 刘琳. 锌粉置换法回收铜-乙二胺-硫代硫酸盐浸金液中金的研究[D]. 昆明: 昆明理工大学, 2018.

[143] Li J, Safarzadeh M S, Moats M S, et al. Thiocyanate hydrometallurgy for the recovery of gold. Part I: Chemical and thermodynamic considerations[J]. Hydrometallurgy, 2012, 113-114: 1-9.

[144] Zhang H G, Doyle J A, Kenna C C, et al. A kinetic and electrochemical study of the cementation of gold onto mild steel from acidic thiourea solutions[J]. Electrochimica Acta, 1996, 41(3): 389-395.

[145] Wang Z, Chen D, Chen L. Gold cementation from thiocyanate solutions by iron powder[J]. Minerals Engineering, 2007, 20(6): 581-590.

[146] 王为振, 王云, 常耀超, 等. 铁粉还原法从含金滤液中回收金银铜[J]. 有色金属(冶炼部分), 2016(11): 43-44, 56.

[147] Wang Z, Li Y, Ye C. The effect of tri-sodium citrate on the cementation of gold from ferric/thiourea solutions[J]. Hydrometallurgy, 2011, 110(1-4): 128-132.

[148] Wang Z, Chen D, Chen L. Application of fluoride to enhance aluminum cementation of gold from acidic thiocyanate solution[J]. Hydrometallurgy, 2007, 89(3-4): 196-206.

[149] 李永芳. 置换法回收硫脲和硫代硫酸盐中的金[D]. 新乡: 河南师范大学, 2012.

[150] Hiskey J B, Lee J. Kinetics of gold cementation on copper in ammoniacal thiosulfate solutions[J]. Hydrometallurgy, 2003, 69(1): 45-56.

[151] Dreisinger D B, Guerra E. A study of the factors affecting copper cementation of gold from ammoniacal thiosulphate solution[J]. Hydrometallurgy, 1999, 51(2): 155-172.

[152] 余洪. 活性炭改性及其对金硫代硫酸根络离子吸附特性研究[D]. 昆明: 昆明理工大学, 2016.

[153] Santiago R C C, Ladeira A C Q. Reduction of preg-robbing activity of carbonaceous gold ores with the utilization of surface blinding additives[J]. Minerals Engineering, 2019, 131: 313-320.

[154] Salarirad M M, Behnamfard A. Fouling effect of different flotation and dewatering reagents on activated carbon and sorption kinetics of gold[J]. Hydrometallurgy, 2011, 109(1-2): 23-28.

[155] Salarirad M M, Behnamfard A. The effect of flotation reagents on cyanidation, loading capacity and sorption kinetics of gold onto activated carbon[J]. Hydrometallurgy, 2010, 105(1-2): 47-53.

[156] Souza C, Majuste D, Dantas M S S, et al. Selective adsorption of gold over copper cyanocomplexes on activated carbon[J]. Hydrometallurgy, 2014, 147-148: 188-195.

[157] Blanchette G, Bazin C, Blatter P. Estimation of gold inventory in large carbon in leach tanks [J]. Minerals Engineering, 2011, 24(6): 551-558.

[158] Yu H, Zi F, Hu X, et al. Adsorption of the gold-thiosulfate complex ion onto cupric ferrocyanide(CuFC)-impregnated activated carbon in aqueous solutions[J]. Hydrometallurgy, 2015, 154: 111-117.

[159] Aylmore M G, Muir D M, Staunton W P. Effect of minerals on the stability of gold in copper ammoniacal thiosulfate solutions – The role of copper, silver and polythionates [J]. Hydrometallurgy, 2014, 143: 12-22.

[160] Chen Y, Zi F, Hu X, et al. The use of new modified activated carbon in thiosulfate solution: A green gold recovery technology [J]. Separation and Purification Technology, 2020, 230: 115834.

[161] 伍喜庆, 黄志华. 改性活性炭吸附金的性能[J]. 中国有色金属学报, 2005, 1: 129-132.

[162] Syna N, Valix M. Assessing the potential of activated bagasse as gold adsorbent for gold-thiourea[J]. Minerals Engineering, 2003, 16(6): 511-518.

[163] Alguacil F J, Caravaca C, Cobo A, et al. The extraction of gold(I) from cyanide solutions by the phosphine oxide Cyanex 921[J]. Hydrometallurgy, 1994, 35(1): 41-52.

[164] Yang X, Li X, Huang K, et al. Solvent extraction of gold(I) from alkaline cyanide solutions by the cetylpyridinium bromide/tributylphosphate system[J]. Minerals Engineering, 2009, 22 (12): 1068-1072.

[165] Kejun L, Yen W T, Shibayama A, et al. Gold extraction from thiosulfate solution using trioctylmethylammonium chloride[J]. Hydrometallurgy, 2004, 73(1): 41-53.

[166] 张生. 矿物浸出液中金的富集分离[D]. 西安: 西北工业大学, 2001.

[167] 刘书敏. 电沉积法从含金废液中回收金的试验研究[D]. 广州: 广东工业大学, 2008.

[168] Guo W, Yang F, Zhao Z, et al. Cellulose-based ionic liquids as an adsorbent for high selective recovery of gold[J]. Minerals Engineering, 2018, 125: 271-278.

[169] Pilsniak-rabiega M, Trochimczuk A W. Selective recovery of gold on functionalized resins [J]. Hydrometallurgy, 2014, 146: 111-118.

[170] Jeffrey M I, Hewitt D M, Dai X, et al. Ion exchange adsorption and elution for recovering gold thiosulfate from leach solutions[J]. Hydrometallurgy, 2010, 100(3-4): 136-143.

[171] Zhang H, Jeffery C A, Jeffrey M I. Ion exchange recovery of gold from iodine-iodide solutions [J]. Hydrometallurgy, 2012, 125-126: 69-75.

[172] Murakami H, Nishihama S, Yoshizuka K. Separation and recovery of gold from waste LED using ion exchange method[J]. Hydrometallurgy, 2015, 157: 194-198.

[173] M. E. H. A, Mbianda X Y, Mulaba‐Bafubiandi A F, et al. Selective extraction of gold (Ⅲ) from metal chloride mixtures using ethylenediamine N‐(2‐(1‐imidazolyl)ethyl)chitosan ion‐imprinted polymer[J]. Hydrometallurgy, 2013, 140: 1-13.

[174] Yap C Y, Mohamed N. An electrogenerative process for the recovery of gold from cyanide solutions[J]. Chemosphere, 2007, 67(8): 1502-1510.

[175] Lekka M, Masavetas I, Benedetti A V, et al. Gold recovery from waste electrical and electronic equipment by electrodeposition: A feasibility study [J]. Hydrometallurgy, 2015, 157: 97-106.

[176] Korolev I, Altinkaya P, Halli P, et al. Electrochemical recovery of minor concentrations of gold from cyanide‐free cupric chloride leaching solutions[J]. Journal of Cleaner Production, 2018, 186: 840-850.

[177] 梁高喜, 任飞飞, 王伯义, 等.富氧底吹造锍捕金工艺处理复杂精矿的生产实践[J].黄金, 2017, 38(11): 61-63.

[178] Nunan T O, Viana I L, Peixoto G C, et al. Improvements in gold ore cyanidation by pre‐oxidation with hydrogen peroxide[J]. Minerals Engineering, 2017, 108: 67-70.

[179] Belyi A V, Chernov D V, Solopova N V. Development of BIONORD © technology on Olimpiada deposit refractory arsenic‐gold ores treatment in conditions of Extreme North [J]. Hydrometallurgy, 2018, 179: 188-191.

[180] Hedjazi F, Monhemius A J. Industrial application of ammonia‐assisted cyanide leaching for copper‐gold ores[J]. Minerals Engineering, 2018, 126: 123-129.

[181] 张伟晓, 间娟沙, 张济文.国外某含砷难处理金矿提金工艺试验[J].有色金属(冶炼部分), 2019(4): 56-59.

[182] 李松涛, 刘建中, 夏勇, 等.黔西南卡林型金矿聚集区构造地球化学弱矿化信息提取方法及其应用研究[J].黄金科学技术, 2021, 29(1): 53-63.

[183] 俞小花, 史春阳, 李荣兴, 等.高温复杂多金属硫化矿 Eh-pH 图[J].有色金属工程, 2019, 9(3): 48-56.

[184] J. A. Dean. 兰式化学手册[M].魏俊发.译.北京: 科学出版社, 2003.

[185] Bale C W, Chartrand P, Degterov S A, et al. FactSage thermochemical software and databases [J]. Calphad, 2002, 26(2): 189-228.

[186] Bale C W, Belisle E, Ce P, et al. FactSage thermochemical software and databases – recent developments[J]. Calphad, 2009, 33(2): 295-311.

[187] 李洪桂.冶金原理[M].北京: 科学出版社, 2005: 176-178.

[188] 杨洪英, 佟琳琳, 殷书岩.湖南某难处理金矿的加压预氧化-氰化浸金试验研究[J].东北大学学报(自然科学版), 2007(9): 1305-1308.

[189] 刘应志, 张淑敏, 李艳军, 等.齐大山西石碴子赤褐铁矿工艺矿物学研究[J].金属矿山, 2021(7): 110-114.

[190] 黄怀国.难处理金精矿的酸性热压预氧化研究[J].矿冶工程, 2007(4): 42-45.

[191] 许晓阳, 熊明, 蔡创开, 等.某碳质金矿石加压预氧化-氰化工艺研究[J].黄金, 2017,

38(11)：50-53+67.

[192] Brion D. Etude par spectroscopie de photoelectrons de la degradation superficielle de FeS_2, $CuFeS_2$, ZnS et PbS a l'air et dans l'eau[J]. Appl. Surf. Sci. , 1980, 5(2), 133-152.

[193] Wagner C D. Photoelectron and Auger energies and Auger parameters：a data set. In：Briggs, D. , Seah, M. P. (Eds.), Practical Surface Analysis[M]. Auger and X-ray Photoelectron Spectroscopy vol. 1. Wiley, Chichester, 1990.

[194] Descostes M, Mercier F, Beaucaire C, et al. Nature and distribution of chemical species on oxidised pyrite surface：complementarity of XPS and nuclear microprobe analysis. Nuc. Instrum. Methods Phys. Res. Sect. B Beam Interac[J]. Mater. Atoms, 2001, 181, 603-609.

[195] Wagner C D, Naumkin A V, Kraut-Vass A, et al. Rumble, NIST Standard Reference Database 20, Version 3.4(web version)(http：/srdata. nist. gov/xps/) , 2003.

[196] Descostes M, Mercier F, Thromat N, et al. Use of XPS in the determination of chemical environment and oxidation state of iron and sulfur samples：constitution of a data basis in binding energies for Fe and S reference compounds and applications to the evidence of surface species of an oxidized pyrite in a carbonate medium[J]. Applied Surface Science, 2000, 165, 288-302.

[197] Beamson G, Clark D T, Kendrick J, et al. Observation of vibrational asymmetry in the high resolution monochromatized XPS of hydrocarbon polymers[J]. Journal of Electron Spectroscopy and Related Phenomena, 1991, 57, 79-90.

[198] Zhang L, Guo X Y, Tian Q H, et al. Extraction of gold from typical Carlin gold concentrate by pressure oxidation pretreatment-Sodium jarosite decomposition and polysulfide leaching. Hydrometallurgy, 2022, 208, 105743.

[199] Posnjak E, Merwin H E. The system Fe_2O_3-SO_3-H_2O[J]. Journal of the American Chemical Society, 1922, 44(9)：1965-1994.

[200] 马鹏程, 杨洪英. 生物冶金过程中黄钾铁矾的生成与抑制[J]. 有色金属(冶炼部分), 2015(5)：1-4.

[201] Wu J J, Ahn J M, Lee J H. Gold deportment and leaching study from a pressure oxidation residue of chalcopyrite concentrate [J]. Hydrometallurgy, 2021, 201, 105583.

[202] Posnjak E, Merwin H E. Lead-Zinc-Tin'80[M]. Metallurgical Society of AIME, 1979.

[203] 朱林, 韩俊伟, 刘维, 等. 铁矾渣综合利用技术进展[J]. 矿产保护与利用, 2018, 4：124-129.

[204] 陈奇志, 周毅林, 刘作华, 等. 变频刚柔搅拌反应器强化锰矿浸出及除铁过程[J]. 化工进展, 2021, 40(6)：3083-3090.

[205] 牛会群, 佟琳琳, 衷水平, 等. 卡林型金矿碳质物特征及其去碳方法研究现状[J]. 有色金属(冶炼部分), 2019, 6：33-39.

[206] 王俊, 张全祯. 炭浆提金工艺与实践[M]. 北京：冶金工业出版社, 2000.

[207] 陶媛媛, 项朋志, 周小华, 等. 硫脲浸金电化学行为研究[J]. 贵金属, 2021, 42(1)：22-27.

[208] 李骞, 沈煌, 张雁, 等. 硫脲浸金研究进展[J]. 黄金, 2018, 39(1): 66-69.

[209] 王海燕, 张梅, 周秀, 等. 硫酸钙在80℃下不同含量盐酸中的溶解性[J]. 氯碱工业, 2020, 56(4): 28-30.

[210] Pourbaix, M., F. J. A. Eh-pH diagrams. (Book reviews: atlas of electrochemical equilibria in aqueous solutions)[M]. Science 154.

[211] P. R, Holmes, F. K., Crundwell. Polysulfides do not cause passivation: Results from the dissolution of pyrite and implications for other sulfide minerals[J]. Hydrometallurgy, 2013, 139: 101-110.

[212] Rina Kim, AhmadGhahreman. A mechanism of metastable sulfur speciation and the adsorption on a gold surface in the presence of sulfidic ore and lead in cyanide medium[J]. Hydrometallurgy, 2020, 193: 105294.

[213] Jeffrey M. I. M. J., Anderson C. G. A fundamental study of the alkaline sulfide leaching of gold[J]. Eur. J. Miner. Process. Environ. Prot, 2002, 3(3), 1-21.

[214] 宋坤, 张呼生, 张志华, 等. 环保药剂在炭浸法提金中的应用[J]. 现代矿业, 2017, 33(3): 170-171, 179.

[215] 柳耀鹏, 卢亮, 张宝. 低毒环保浸出提金技术研究与应用[J]. 采矿技术, 2018, 18(2): 46-48, 73.

[216] 尹福兴, 段胜红, 庄世明. 某含金硫精矿焙烧-酸浸渣非氰提金试验研究[J]. 云南冶金, 2019, 48(3): 55-59.

[217] Zhang L, Guo X Y, Tian Q H, et al. Improved thiourea leaching of gold with additives from calcine by mechanical activation and its mechanism[J]. Minerals Engineering, 2022, 178: 107403.

[218] 陈亮, 唐道文, 唐强, 等. 亚硫酸钠在碱性硫脲溶金体系中的电化学行为[J]. 贵金属, 2020, 41(1): 43-48.

[219] 刘万伟. 探讨化工工业三废处理技术方法及环境保护[J]. 环境保护科学, 2020, 10: 141.

[220] 孙留根, 常耀超, 徐晓辉, 等. 氰化尾渣无害化、资源化利用的主要技术现状及发展趋势[J]. 中国资源综合利用, 2017, 35(10): 59-62.

[221] Zhang Y, Cui M, Wang J, et al. A review of gold extraction using alternatives to cyanide: Focus on current status and future prospects of the novel eco-friendly synthetic gold lixiviants[J]. Minerals Engineering, 2022, 176: 107336.

[222] 张卿. 某含砷难处理金矿超声强化浸金试验研究[J]. 矿产综合利用, 2010, 4: 12-15.

[223] 王贻明, 吴爱祥, 艾纯明. 低品位硫化铜矿超声强化浸出实验与机理分析[J]. 中国有色金属学报, 2013, 23(7): 2019-2025.

[224] 张孟磊, 宋浩, 郑成航, 等. 超声强化浸出废加氢催化剂中的有价金属研究[J]. 应用化工, 2021, 50(7): 1747-1750.

[225] 焉杰文, 潘德安, 李彬. 超声强化在湿法浸出过程中的应用[J]. 过程工程学报, 2020, 20(11): 1241-1247.

[226] 郭学益, 张磊, 田庆华, 等. 一种超级浸出装置: 201920562543. 0[P]. 2020-03-13.

[227] Baláž P. , Erika Dutková. Fine milling in applied mechanochemistry[J]. Minerals Engineering, 2009, 22: 681-694.

[228] Baláž P. Extractive Metallurgy of Activated Minerals[J]. Elsevier, Amsterdam, 2000, 290.

[229] Balaz P, Ssekula F, Jakabsky S, et al. Application of attrition grinding in alkaline leaching of tetrahedrite[J]. Minerals Engineering, 1995, 8: 1299-1308.

[230] 刘春琦, 马天, 李钊, 等. 天然矿物的机械力化学活化改性研究进展[J]. 金属矿山, 2021, 10: 75-81.

[231] King R P . Modeling and simulation of mineral processing systems[M]. Oxford: Butterworth-Heinemann, 2001.

[232] Zhao Q Q, Y AMADA S, JIMBO G . The mechanism and grinding limit of planetary ball milling[J]. Journal of the Society of Powder Technology, 1989, 302(7): 297-302.

[233] Opoczky L, Farnady F. Fine grinding and states of equilibrium[J]. Powder Technology, 1984, 39(1): 107-115.

[234] Ebadi H, Pourghahramani P. Effects of mechanical activation modes on microstructural changes and reactivity of ilmenite concentrate[J]. Hydrometallurgy, 2019, 188: 38-46.

[235] Cullity D B. Elements of X-ray diffraction second edition[M]. Reading MA: Addison-Wesley, 1978.

[236] Grana TA G, Takahashi K, Ka To T, et al. Mechanochemical activation of chalcopyrite: Relationship between activation mechanism and leaching enhancement [J]. Minerals Engineering, 2019, 131: 280-285.

[237] GB 5085. 3—2007. 危险废物鉴别标准　浸出毒性鉴别[S]. 北京: 中国环境科学出版社, 2007.

[238] HJT 299—2007. 固体废物　浸出毒性浸出方法　硫酸硝酸法[S]. 北京: 中国环境科学出版社, 2007.

[239] GB 34330—2017. 固体废物鉴别标准　通则[S]. 北京: 中国环境科学出版社, 2017.